Le Sujet sans cerveau ou le Cerveau sans sujet ?

Jacques Robion

Le Sujet sans cerveau ou le Cerveau sans sujet ?

Sécessions neuronales et régulations inconscientes de conscientisation

Postface d'Émile Jalley

L'Harmattan

Du même auteur

Le syndrome de Judas, Éditions Cassiopée, 1998 (épuisé), publié en ligne in jacquesrobion.fr

Essais de neuropsychanalyse, L'Harmattan, 2013.

Écrits divers (2016) :

Freud et le changement d'objet
Le désir de réparation
La psychose
Attachement et fixation
La reproduction de maltraitance
Le discours capacitaire
Le père « objet primaire »
Le sens de la demande
Le travail social rongé par les mythes
La transmission psychique inconsciente

in jacquesrobion.fr

5-7, rue de l'Ecole-Polytechnique, 75005 Paris

http://www.editions-harmattan.fr

ISBN : 978-2-343-10765-3
EAN : 9782343107653

Sommaire

Introduction

Je me suis toujours demandé comment les tenants d'une Psyché totalement déconnectée de notre cerveau s'arrangeaient pour concilier leur idée d'une autonomie de cette Psyché avec la triste réalité d'un accident vasculaire cérébral. Un vaisseau qui se rompt, et il n'y a plus de langage, de pensée, de conscience même ! Où est passée la Psyché, si elle fait naufrage avec le vaisseau ?

Récemment, des chercheurs de l'Université de Pennsylvanie (Dehaene, *Le code de la conscience*) ont montré l'étonnante ressemblance symptomatique entre la schizophrénie et « l'encéphalite à anticorps ciblés contre les récepteurs NMDA du glutamate ». « Il est fascinant, écrit Dehaene, que l'éradication d'une seule molécule suffise à engendrer la totalité des symptômes psychiatriques de la schizophrénie » Effectivement !

Tout aussi dérangeant pour nous psychanalystes, le « symptôme de dépendance environnementale » décrit par Yves Agid (in *L'homme subconscient*). Suite à une lésion, la partie frontale antérieure du cerveau ne peut plus contrôler les noyaux gris centraux « responsables du comportement automatique », ceux-ci deviennent alors « dépendants de la situation environnementale présente » (ibidem). Le sujet semble conserver une capacité adaptative, mais celle-ci en réalité n'est plus *commandée par le cortex*, elle est déterminée automatiquement par les variations de stimulations de l'environnement. Lue par un psychanalyste lacanien, cette dépendance sera considérée comme une dépendance au désir de l'Autre !

Allons nous longtemps faire semblant d'ignorer les approches neurophysiologistes des troubles psychiques, continuer de penser que tout se déroule seulement à l'intérieur de la boîte noire d'une Psyché autonome ?

Ancrer le fait psychique dans la boîte crânienne et non plus dans une Substance autonome – la « boîte à scarabée » disait ironiquement Wittgenstein –, conduit forcément à faire rupture avec notre façon habituelle de comprendre l'humain, essentiellement fondée sur cette opposition d'un corps et d'une Conscience, dans sa version psychanalytique, d'un corps et d'un « appareil psychique » *substantiellement et fonctionnellement* autonome.

Quand je dis : « mon corps m'appartient », je crée une fausse dualité, comme si une autre entité, mon moi, coexistait à côté d'un corps. En réalité, je n'ai pas un corps, je ne suis pas davantage un corps, je suis seulement une auto-organisation prenant conscience d'elle-même. Essayons d'échapper à cette dualisation millénaire du Corps et de la Conscience, aux « pièges du langage » dualisant (Wittgenstein), en affirmant l'existence d'une seule entité dotée d'un *processus de traitement informatif*, c'est-à-dire de la capacité de s'informer sur soi-même et le monde externe. Nul besoin de postuler un « appareil » spécifique à l'intérieur duquel se déroulerait le processus, la boîte crânienne suffit. Mais ne nous leurrons pas, se débarrasser de la boîte noire de la Psyché va ouvrir littéralement une véritable boîte de Pandore !

Décrivons ce processus de traitement.

L'auto-organisation traite l'information :

– *avec conscientisation ou sans conscientisation*. Conscientiser signifie produire un *objet de conscience*. Sensation, image, sentiment, fantasme, sens sont des objets de conscience, anciennement nommés « contenus de conscience ». Le mode sans conscience a été nommé par Damasio : « computation ».

Le mode informatif par conscientisation se subdivise lui-même en deux autres :

– *avec contrôle* et *sans contrôle*. Le mode sans contrôle correspond à ce que les psychanalystes ont nommé « mentalisation » (les images du rêve, par exemple, les pensées de l'association libre). Celui avec contrôle, à la *manipulation consciente et contrôlée* de symboles codifiés, c'est à dire à la « symbolisation ». Toutes les formes de langage, par conséquent.

Certaines prises d'informations, on le sait depuis Freud, peuvent s'éviter, inconsciemment, pour que se *conserve un capital énergétique* nécessaire à la survie. Leur traitement déclencherait en effet un retour de la négativité de l'auto-organisation sur elle-même, négativité destinée à la conservation de sa vie. On se demande parfois comment présenter succinctement l'inconscient freudien. En fait, tout simplement comme suit : *tout refoulement est un évitement de déliaison*. C'est une désorganisation qu'évite le sujet (l'auto-organisation) en évitant certaines représentations. Et pas n'importe lesquelles : celles où il est amené à s'identifier lorsqu'il doit identifier un événement donné. Une non identification de soi-même comme un désirant transgressif ou un transgresseur réel évite au sujet de retourner contre lui-même sa négativité, lui permet par conséquent de conserver son énergie adaptative. Ce en quoi le refoulement est bien au service des forces de liaison, de la survie. Que n'advienne à la conscience, ne *se traite par conscientisation*, que ce qui ne compromet pas la conservation de l'unité de l'auto-organisation, c'est l'essence même du freudisme.

Parmi les évitements de conscientisation, il en est un sur lequel la psychanalyse (lacanienne, surtout) s'est particulièrement penché : *l'évitement de symbolisation*. Dans un chapitre spécifique, je tenterai de montrer les liens évidents de cet évitement avec le narcissisme, et de ce-dernier avec l'angoisse de dés-appartenance. Liens qui ont fait dire à Deleuze et Guattari que l'intériorisation par l'élément des valeurs de l'ensemble se révélait le plus sûr moyen, pour un groupe donné, de maintenir son unité. Au terme de cette intériorisation, l'angoisse première de dés-intégration sociale s'oublie, ne se vit plus par l'individu qu'une angoisse de perte d'intégrité psychique, ou angoisse identificatoire. Comment l'angoisse de ne plus être membre de son groupe d'appartenance finit par perturber invisiblement, via le narcissisme, le processus de symbolisation du sujet ? L'essence même de la « deuxième topique ».

C'est cette même nécessité d'économiser les forces nécessaires à l'adaptation et à la survie qui explique que la plus grande partie du processus de traitement informatif se déroule *sans avoir à passer par le mode informatif avec conscientisation* (mentalisation et symbolisation). La prise d'information avec prise de conscience a en effet un « coût énergétique élevé », car elle fait appel à un « embrasement cortical généralisé » (Dehaene in *Le Code de la conscience*) mobilisateur d'une dépense énergétique massive. En conséquence de quoi, tout ce qui pourra être traité à moindre coût, le sera. Sans conscientisation, donc.

Réancrer dans le neuronal l'évitement informatif spécifique qu'est le refoulement freudien implique de repenser les conditions et possibilités du retour de l'évité dans le champ de conscience.

Tous les mécanismes d'évitement de conscientisation ont probablement en commun de se dérouler hors du contrôle conscient du sujet, mais nullement hors d'un contrôle *corticalisé.*

Les neuroscientifiques admettent l'existence d'une *régulation inconsciente* centralisée, donc corticalisée, des opérations nécessaires à l'exercice du langage. On se demande bien pourquoi ils refusent l'idée que puisse exister une même régulation inconsciente centralisée des opérations nécessaires à la production de tout objet symbolique ! Elle est patente, pourtant, cette régulation, c'est une évidence clinique, pour qui veut se donner la peine de la voir ! Je ne m'explique ce refus que par la présence chez ces neuroscientifiques d'une équation conceptuelle invisible *cortex = contrôle conscient*, tout comme si le cortex n'avait pour fonction que celle du contrôle conscient. Or, le cortex *ne se réduit pas* manifestement à l'« espace de travail global conscient », ce concept cher à Changeux et Dehaene, nous explique Yves Agid (ibidem). Discriminez ces deux concepts, *régulation corticale et contrôle conscient*, et vous restituez derechef à l'inconscient dit freudien sa possibilité d'existence, voire sa légitimité ! Régulé corticalement, mais non contrôlé consciemment, un évitement de conscientisation sera par définition « rappelable », pour reprendre ce concept de « rappel » particulièrement intéressant utilisé par Yves Agid. Autrement dit, le retour de l'évité dans le champ du contrôle conscient sera possible, mais sous certaines conditions.

Au passage, introduire cette différence entre cortex et contrôle conscient présente également l'avantage de pouvoir situer clairement la « mauvaise foi » sartrienne comme un évitement informatif *contrôlé* consciemment par l'« espace de travail conscient », à la différence du « refoulement », *régulé* inconsciemment.

« Une fois la réponse adaptative trouvée, l'automatisme peut l'emporter » (Yves Agid, ibidem). L'auteur nomme

« subconscient » le *retour à l'automatisation* qui nous permet de re-disposer de toute notre énergie, de nous libérer pour des tâches nouvelles. Ce raisonnement peut s'appliquer également à l'évitement de conscientisation : un évitement de symbolisation régulé corticalement (ou même contrôlé consciemment) peut parfaitement *retourner* dans le mode de traitement informatif sans conscientisation, dit « computationnel » par Damasio, « subconscient » par Agid. Et ce, toujours pour les mêmes raisons : l'économie énergétique. Qui plus est, le destin de tout refoulement est de s'automatiser !

Mais forcément, la question se posera alors des possibilités du retour d'un évitement informatif automatisé dans le champ de conscience. Le sujet peut-il reprendre la main sur celui-ci ?

Dans l'affirmative, on pourra parler d'une *automatisation positive*. Dans la négative, lorsque donc l'automatisé *échappe à une réintégration* par le cortex frontal, je propose de nommer ce phénomène de décorticalisation : *automatisation négative*. Il existe deux types de coupure cortex-sous-cortex : celles provenant d'une coupure organique, les lésions, celles provenant d'une coupure fonctionnelle, les traumas. Deux formes possibles de *sécession neuronale*.

Où situer le refoulement ? Automatisation positive ou automatisation négative ? Le refoulement fait clairement partie des automatisations positives. Si tel n'était pas le cas, on ne voit pas le sens qu'il y aurait à proposer au sujet une cure psychanalytique, laquelle par définition présuppose bien la possibilité du rappel de l'évité, sous certaines conditions, certes. Ce qui veut bien dire que le refoulé reste fondamentalement sous le contrôle, sous la régulation plus exactement, du cortex. Que le rappel du refoulé automatisé ne soit pas pour autant pas facile, on peut en faire constamment l'expérience. Et ce, tout simplement parce que la régulation inconsciente de conscientisation qui a produit l'escamotage ancien de la représentation – escamotage qui s'est ensuite automatisé – *continue forcément d'exister*. C'est cette régulation qui refait surface au moment des tentatives de déconstruction de l'automatisme d'évitement, dans le phénomène de la « résistance ». Le sujet qui a fui une symbolisation donnée hier, continue de la fuir aujourd'hui en vertu des mêmes principes, et pas seulement en vertu des seules lois du conditionnement, de la force de l'habitude, comme l'affirment les thérapies cognitivo-comportementales, pour lesquelles la présence du passé dans le présent, de l'automatisme de conditionnent, n'était qu'une mauvaise habitude de penser : une « distorsion cognitive ».

Il existe donc deux types d'automatisation positive : le « subconscient », immédiatement rappelable dans le champ de conscience, et l'inconscient, également rappelable, mais sous certaines conditions, la régulation inconsciente qui a fait passer à la trappe l'information continuant d'exercer son activité souterraine au moment du rappel.

Précisons qu'un évitement de conscientisation peut se produire de deux façons. Soit c'est *une* mentalisation singulière ou *une* symbolisation singulière qui s'évite, soit c'est *la* mentalisation elle-même ou *la* symbolisation elle-même qui s'évite globalement.

Ancrer le psychanalytique dans le neuronal, on le voit, est donc chose tout à fait possible et ne nous fait rien perdre des concepts de la psychodynamique.

Il est vrai par contre que si nous ne voulons pas procéder une appropriation de façade des concepts neuroscientifiques, il nous faut abandonner quelques unes de nos certitudes familières, nous installer là où sont les neurosciences, parler là d'où elles parlent, ne pas effectuer une sorte de *saupoudrage neuroscientifique* du discours psychanalytique, comme il se fait trop souvent. L'approche neuroscientifique, comme toute science qui se respecte, est nécessairement et foncièrement matérialiste, elle tend par conséquent à éliminer au maximum postulats et croyances. Et *une* Psyché, *un* Sujet à côté d'*un* cerveau, qu'est-ce d'autre qu'une croyance ? Le discours psychanalytique sur un Sujet, un Inconscient ou sur une Psyché autonomes, qui coexisteraient tranquillement à côté d'un cerveau, ce n'est plus possible ! Il ne saurait y avoir pour une approche neuroscientifique qu'un *organisme se renseignant sur soi.* Qu'un organisme puisse dire « je », « être sujet », « subjectiver » n'implique nullement la présence d'un « Sujet », *en sus de* cet organisme. Ce serait prendre l'énoncé pour le sujet de l'énonciation, pour l'énonçant, avait déjà fait remarquer Nietzsche. Mais ce n'est pas parce qu'il n'y a pas *une* Psyché que le *psychique* n'existe pas ! Dire que l'auto-organisation est un être doté d'un processus d'information revient strictement à dire qu'elle est un être doté d'un *processus de psychisation*. L'auto-organisation est un être psychique.

Poser ainsi à nouveau le cerveau au fondement de la production du fait psychique n'implique pas cependant d'installer une « transcendance du neuronal », je veux dire cette idée d'un cerveau travaillant pour son propre compte, d'un cerveau qui mènerait la danse exactement comme autrefois le faisait l'âme, la conscience, ou plus récemment avec la psychanalyse, la Psyché. Sortir du dualisme idéaliste de la conscience et du corps pour retomber dans celui du neurone et du comportement ? Faire du cerveau le sujet du psychisme, exactement comme l'était la Conscience ou la Psyché, alors qu'il ne fait que mener ses opérations de traitement informatif pour le compte d'une autre réalité que lui-même, l'auto-organisation, au service de laquelle il se trouve ? On ne voit pas très bien où serait le progrès ! Et pourtant, un terme d'une dualité faisant emprise sur l'autre, le contrôlant, lui dictant son contenu, le « déterminant », le *vassalisant*, c'est exactement ce que l'on entend quand certains neuroscientifiques nous affirment, quasi triomphants, presque revanchards, notre dépendance absolue aux mécanismes neuronaux. Au lieu de rester dans le constat d'une *corrélation constante* entre neurone et psychique, dans cette évidence qu'à toute liaison de signifiants correspondra une liaison synaptique, et inversement, le discours neuroscientifique glisse chez eux imperceptiblement dans un *causalisme neuronal, chimique, moléculaire*. Une molécule serait la cause de la joie, de la tristesse, etc. J'entendais il y a peu un neuroscientifique éminent nous expliquer que le défaut d'ocytocine était à l'origine de l'absence du comportement de fidélité conjugale chez le campagnol des champs. Son compère des villes, disposant, lui, de cette molécule, faisait au contraire preuve d'un attachement exemplaire. Et le neuroscientifique, d'expliquer que l'injection de la molécule absente dans le campagnol volage le rendait soudainement fidèle ! Loin de moi l'idée de tourner en dérision cette expérience et le discours de ce neuroscientifique, comme il est de bon ton de le faire dans les milieux psychanalytiques. Je crois même que notre petit campagnol nous fournit une base magnifique pour articuler correctement les relations entre neurone et psychique. Qu'il y ait un *corrélat neuro-chimique* à un comportement donné ne doit pas nous surprendre, dès l'instant où notre axiomatique est matérialiste, (et encore conviendrait-il de nuancer cette appellation, dans la mesure où tout matérialisme maintient de fait implicitement une dualité de substances, matière et esprit, que nous réfutons, dont nous cherchons à nous débarrasser). En réalité, le discours revanchard des neuroscientifiques trop heureux de nous montrer la détermination de notre psychisme, voire de notre spiritualité, par une vulgaire molécule, fait encore paradoxalement partie de cet héritage dualisant, puisqu'ils continuent de raisonner en termes de causalité neuronale. L'ocytocine, *cause de* l'attachement ? Ils ne s'aperçoivent pas que de parler ainsi d'une causalité chimique du psychique présuppose le maintien de la théorie de la double substance.

Ce n'est donc pas décrit en ces termes causalistes que le comportement du campagnol, relaté entre autres par Serge Stoléru (*Un cerveau nommé désir*), nous intéresse. Pas plus que le rein n'est la cause de la dialyse, l'ocytocine n'est la cause de l'attachement. Évoquons plutôt une seule et même entité, vue tantôt sous l'angle de l'*organe* tantôt sous l'angle de la *fonction*.

En ce qui concerne notre campagnol, est-ce alors l'organe qui tombe en panne, quand dysfonctionne la fonction de fidélité ? Ou bien est-ce la fonction qui tombe en panne et fait dysfonctionner l'organe ? La réponse, pour le campagnol, semble relativement simple : la fonction d'attachement ne se déploie pas, parce que l'*organe* dysfonctionne. Soit, mais en ce qui concerne l'auto-organisation que nous sommes, la réponse risque d'être nettement plus compliquée, dans la mesure où nous n'agissons que *d'après l'information* que nous prenons de notre nature chimique, et non pas *directement* en vertu de celle-ci. Et ce parce que nous disposons d'un processus d'information au fonctionnement complexe. Face à un trouble comportemental, nous ne pouvons en conséquence savoir a priori si celui-ci est *fonctionnel* ou *organique*. On sait seulement qu'à une déliaison de signifiants correspondra nécessairement une déliaison synaptique, et inversement. Le neurochimiste, si les moyens d'investigation cérébrale continuent de se développer au rythme actuel, forcément pourra un jour observer cette déconnexion synaptique corrélative de la déconnexion manifeste entre les unités symboliques. Mais cette expérience nous renseignera-t-elle sur la nature profonde de la panne ? Fonctionnelle ou organique ? Absolument pas.

Pour celles et ceux qui penseraient encore qu'à ancrer ainsi le fait psychique dans le neuronal nous ferait renier les fondements psychanalytiques, je rappellerai dans un dernier chapitre les principes de fonctionnement du processus de symbolisation que j'ai développés dans un de mes textes précédents (*Pour une psychanalyse dialectique*) :

– un refoulement initial arrête une différenciation symbolique du désir spontanément syncrétique, lequel reste alors ce qu'il est au départ dans le sujet : indiscriminé. Le sujet ensuite rencontre et intériorise une obligation sociale de différenciation. Il se retrouve alors avec en lui une contradiction désirante non conscientisée : satisfaire ou non le désir resté indifférencié. Tant qu'il n'a pas la capacité de dépasser sa contradiction interne, de procéder à une *intégration* dialectique de ses désirs contraires, il maintient son refoulement premier, continuant en cela de veiller aux conditions de sa survie.

L'incapacité de *synthèse*, d'intégration, et non d'analyse, est le vrai fondement du refoulement dit par Freud « secondaire ».

Où se vérifie que *l'intégrabilité* est le concept-clé de l'approche du fait psychique. La pathologie mentale, sous toutes ses formes, est une *perte d'intégrabilité*. Aussi bien au niveau neuronal, que symbolique.

La capacité d'intégration se perd quand se perd une *capacité de connexion* entre unités informatives (les contenus de conscience) ou entre modes informatifs, soit pour des raisons organiques (lésions) soit pour des raisons fonctionnelles (régulations de conscientisation). Quand des connexions ne se produisent pas, une intégration informative n'a pas lieu. Recorticaliser, quand la coupure a eu lieu entre cortex et noyaux gris, reconnecter les modes informatifs, quand une forclusion de mentalisation ou de symbolisation s'est produite, reconnecter les unités informatives internes à un mode informatif spécifique (symbolisation, par exemple), quand la coupure est advenue entre celles-ci.

En un mot une intégrabilité se perd à la suite d'une *perte de connectibilité*. Aussi bien psychique que neuronale.

Retrouver une *connectibilité perdue*, ce que Ansermet et Magistretti ont nommé la « plasticité » neuronale, c'est retrouver la possibilité d'intégrer l'ensemble des informations simultanément prises par l'auto-organisation en un tout cohérent, façon pour elle de rester intégrée. C'est retrouver la santé psychique.

Voici résumées les idées principales qui seront développées dans cet essai.

I

Le Processus de traitement informatif

1) La fin de la Psyché

Nietzsche, Marx et Freud nous ont amené à renoncer à la croyance d'une autonomie de l'esprit par rapport au corps, à accepter l'idée d'une influence du corps sur les productions de la Conscience, nous explique Paul Ricœur. Nous devons selon lui consentir à ce que la Conscience « se passivise », à admettre l'idée qu'elle reçoive d'autre chose qu'elle-même, du corps en l'occurrence, certains de ses contenus.

Avec cette « phénoménalisation de l'objet de conscience », qu'il nomme « l'ère du soupçon », nous pensions en avoir fini avec nos croyances « idéalistes ».

Il nous faut maintenant accomplir une seconde « révolution copernicienne » (Ricœur), en l'espèce renoncer purement et simplement à l'idée de l'existence d'une Conscience, et pour nous psychanalystes, d'une Psyché.

Que nos contenus mentaux puissent être déterminés par le corps, passe encore, mais qu'ils puissent en plus ne pas avoir pour siège une Conscience, écrite avec une majuscule, ou une Psyché, ou un Sujet, toujours écrits avec une majuscule, c'est là manifestement un nouveau deuil pénible à accomplir. Il se déroule de fait sous nos yeux, dans et par les découvertes des neurosciences. L'« homme neuronal » de

Jean-Pierre Changeux a définitivement signé la fin de la Conscience, fût-elle « passivisée ». Et la fin de la Psyché !

Ce concept de Psyché est au demeurant assez ambigu. Il semble s'affranchir de la tradition philosophique dénoncée par Nietzsche, mais il continue pourtant implicitement de véhiculer l'idée d'un *contenant vide autonome existentiellement* dans lequel entrerait un contenu, en provenance du corps. Pour preuve, le schéma de base du freudisme : Instinct-pulsion-désir-agir. Un signal biologique y devient « pulsion » du fait même d'entrer dans cette Psyché. La nouvelle entité une fois créée, la « pulsion », doit ensuite suivre un certain parcours, dit « topique », pour arriver à une pleine conscientisation. On voit bien apparaître en ce schéma freudien, d'une part la présence du contenant vide *à l'intérieur duquel* se déroule le parcours « topique » de conscientisation – parcours obéissant au « principe de plaisir-déplaisir » –, d'autre part l'affirmation d'une autonomie radicale des lois de fonctionnement du psychisme. La Psyché a en fait été conçue par Freud comme un *réceptacle vide en attente de contenus provenant d'autre chose qu'elle-même*. Ces contenus sont les « inscriptions » psychiques – les « représentants pulsionnels » – de réalités somatiques. L'inscription psychique subit ensuite le traitement que l'on sait, selon la « topique » de référence : première ou deuxième. La Psyché possède donc encore dans ce modèle freudien une existence autonome, indépendante de la réalité corporelle à laquelle elle est associée. Se tenant par elle-même, elle est une *substance*, quand bien même elle serait substance *vide*. Ce qui fait de cette conception freudienne de la psyché le dernier avatar de « l'idéalisme » philosophique, puisque s'y maintient l'idée millénaire d'une autonomie existentielle de l'immatériel, en même temps qu'une des premières formes d'apparition du « matérialisme » moderne, puisque ce réceptacle vide reçoit son contenu de la matière et non plus d'un pur esprit. Finie la belle âme ! Exit la conscience pure ! Certes, mais si tout contenu de conscience provient désormais du corps – et qui plus est pas de n'importe quel endroit du corps, de ses parties les moins nobles ! – il n'en apparaît pas moins que Freud continue de se mouvoir à l'intérieur d'une théorie de la double substance : matière et esprit. Concevoir une réalité biologique qui entre dans une Psyché-Substance et au passage subit une *mutation de nature* pour devenir une « pulsion », une entité existentiellement autonome devant suivre ensuite un parcours de conscientisation, c'est faire revenir par la fenêtre ce qu'on a chassé par la porte : l'idéalisme, autre nom de la dualité des substances. Les critiques adressées à Freud par Wittgenstein dans sa célèbre métaphore du « scarabée dans la boîte » sont imparables. Il nous faut incontestablement arriver à nous débarrasser définitivement de ce concept encombrant d'une Psyché-Substance, ou de sa version freudienne, l'« appareil psychique », si nous voulons que perdure la psychanalyse. Suivons donc les pas de Jacques Lacan pour qui « Il faut cesser de traiter le psychisme comme une substance », ou de Jean-Pierre Changeux qui a affirmé avec force *la fin de la déconnexion* du psychique et du neuronal.

Une toute première contradiction liée à la conceptualisation freudienne a été relevée par Groddeck. Dès l'instant où je n'appréhende qu'une inscription de l'ensoi extérieur, je ne puis rien affirmer de la chose antérieure et extérieure à son inscription, notamment par exemple qu'elle est une « pulsion somatique ». La réalité qui s'inscrit sur ma psyché me demeurera nécessairement et à jamais inconnaissable telle qu'elle est en soi. Son inscription n'en sera jamais qu'une « phénoménalisation », au sens kantien du terme. Et fidèle à Kant, Groddeck a logiquement désigné par le « ça » cet en soi inconnu et inconnaissable, dont je n'appréhenderai toujours que la manifestation subjective et phénoménale dans mon psychisme. Le « ça » de Groddeck est l'équivalent exact de la « chose en soi » kantienne. En toute rigueur, Kant affirmait le caractère inconnaissable de la réalité venant se « phénoménaliser » comme objet de conscience dans la conscience-substance, alors que Freud prétend que cette inscription se fait dans une transparence absolue. Cet ensoi qui précède son impression dans la psyché nous est selon lui parfaitement connu, puisqu'il s'agit d'une « pulsion somatique ». Affirmation rigoureusement impossible et contradictoire. Ce qu'a mis en évidence Groddeck. Autre contradiction : la théorie de la double substance – Sartre nommait cela « l'hypostase » idéaliste – conduit à accorder à l'objet de conscience une existence *quasi matérielle*, telles les « idées platoniciennes ». Ainsi, pour Freud, des contenus psychiques sont censés circuler dans le contenant vide d'un « appareil psychique », s'y stocker dans un réservoir à pulsions, en attente d'un traitement à venir. Une véritable « atomisation psychique », a surenchéri Lacan, à l'issue de laquelle le fait psychique y perd sa spécificité, s'y dénature complètement pour sombrer dans cette « matérialité opacifiante » dont parlait Sartre. Sans parler du fait qu'on finit par ne plus savoir qui parle, quelle substance parle, quand s'énonce par exemple cette simple proposition : « J'ai un corps ». Est-ce la conscience-substance prenant conscience de sa liaison à la substance matérielle ? Est-ce un corps découvrant en ce savoir de soi qu'il possède une âme ? Qui parle, quand s'énonce un « je » ? Etc. À ces questions, l'idéalisme se trouve bien en peine de répondre[1] !

1. Entrée d'un contenu non psychique dans un contenant psychique, stockage de l'inscription, puis traitement de cette dernière, la conceptualisation freudienne se déploie nécessairement en une *logique de la contenance*. Développement qui sera l'œuvre de Bion. Dans le psychisme de la

Quand en plus coexistent un « ça », un « moi », un « surmoi », on sait encore moins qui parle de soi. Qui prend conscience de quoi à l'issue du parcours de la « deuxième topique » ? Le moi de son « ça » ? L'âme de son corps, à travers son « ça », grâce à son moi ? Le corps de sa psyché ? Si un Cerbère surmoïque veille pour moi et fait faire antichambre à toute cette populace pulsionnelle qui prétend accéder à la dignité de mon moi, s'il filtre et refoule pour moi ces rejetons pulsionnels, bâtards indésirables et compromettants aspirant à la reconnaissance, je peux dormir tranquille sur mes deux oreilles. Mais avec tout ce monde en moi, avec cet « homoncule qui dirige la manœuvre » (Lacan), est-ce que je suis encore chez moi ?

Mais s'il n'y a plus de Psyché, que reste-t-il ? Un cerveau avec des lois spécifiques de fonctionnement, à partir desquelles désormais le fait psychique devra pouvoir s'expliquer.

mère, écrit ce dernier, se « déposent » des éléments psychiques non encore admis par le moi du sujet. S'y stockent des éléments « bruts », que le sujet ne peut contenir en lui-même, qu'il doit donc repousser hors de lui, dans une autre psyché « contenante », où ils seront alors transformés, digérés même, avant que de pouvoir retourner dans la psyché du sujet. La *digestion par une autre Psyché* est l'aboutissement logique la théorie de la double substance. Je ne suis pas sûr que conserver cette terminologie digestive, et profondément indigeste, soit le meilleur des services qu'on puisse rendre à la mémoire de Bion. Serions-nous avec ce langage seulement en présence de métaphores ? Non, ces topiques sont beaucoup plus métamphoriques que métaphoriques, elles sont le destin prévisible de toute substantialisation du psychisme. Si quelque chose entre dans une psyché contenante à la façon d'une entité existentiellement autonome, il ne faut pas s'étonner de retrouver ce quelque chose dans la psyché d'un autre, s'étonner de voir ensuite cet autre en effectuer un prétraitement *pour et à la place du sujet*, de voir cet autre le lui restituer littéralement mâché et prédigéré. Dans une topique *amphorique*, le moi devient une sorte de maître éclusier fermant et ouvrant les vannes d'une robinetterie immatérielle, une sorte de majordome stylé chargé de repousser une particule d'un contenant à un autre. Il n'y a dès lors plus rien d'incongru à transformer le psychisme en un estomac, y compris le psychisme de l'autre.

Cela n'implique pas de tirer un trait radical sur les découvertes freudiennes relatives au processus de conscientisation. On verra au contraire qu'elles peuvent intégralement se conserver, mais incontestablement, le concept de cerveau doit dorénavant entrer dans le discours psychanalytique, tout simplement parce qu'il est *le siège réel* des processus psychiques étudiés par la psychanalyse. La coupure freudienne de la « Neurotica » n'est plus possible aujourd'hui.

« De fait, la psychanalyse n'a pas besoin de cerveau pour s'occuper de ses clients. Il serait plus sage de reconnaître que le cerveau est un organe qui lui est radicalement étranger. À tout point de vue. » écrit Laurent Vercueil, SPS n° 293, dans un hors série Psychanalyse (déc. 2010). On ne peut mieux résumer le point de vue de la psychanalyse classique ! Mais qu'elle continue donc à ignorer ainsi superbement les découvertes des neuroscientifiques sur notre fonctionnement cérébral, à s'entêter dans une déconnexion totale du neuronal et du psychique, à s'agripper pathétiquement à un Instinct de mort, ou à la Pulsion, ou pis encore à l'objet « a », et elle ne tardera pas à disparaître, purement et simplement !

Réintroduisons donc le cerveau.

Et, selon nous, cela peut se faire au travers du concept de *processus de traitement informatif.*

2) Les moments du traitement informatif

Pour s'informer sur un danger externe et trouver la conduite à suivre, le poisson rouge, nous explique Jean-Pierre Changeux (ibidem), n'a pas besoin de passer par une conscientisation. Cette capacité de se renseigner *sans conscientisation* sur un désordre naissant, interne ou externe, cette *signalisation hors conscientisation*, nous en disposons nous aussi, êtres humains.

Différence notable avec le poisson rouge, cependant, l'auto-organisation que nous sommes peut se renseigner sur une menace interne ou externe de désorganisation en recourant à d'autres modes de signalisation, le mode *mental* et le mode *symbolique*, deux modes *avec conscientisation*, c'est-à-dire passant par une production d'« objets de conscience ».

Un objet de conscience, précisons-le immédiatement, n'équivaut pas nécessairement à la conscience d'un objet. Un objet de conscience, cela veut seulement dire que quelque chose *est pour* quelqu'un. L'« être pour soi » de Hegel, repris par Husserl, puis Sartre, est ce qui au fond définit le mieux cette *modalité informative*. Une sensation, proprioceptive ou autre, est un objet de conscience. Un bruit est un objet de conscience. Un sentiment est un objet de conscience.

Si un certain nombre d'informations n'ont pas besoin de devenir des objets de conscience, par exemple celles nécessaires à la régulation homéostatique de notre respiration ou de notre système digestif, pour que s'assure le bon fonctionnement, la survie, l'« homéostasie » de notre unité vivante (Damasio), d'autres nécessitent un processus informatif beaucoup plus sophistiqué. Celles relatives aux dangers externes, notamment.

Il existe donc deux grands moments dans notre processus de traitement informatif : un moment *sans conscientisation* et un moment *avec conscientisation*.

Deuxième distinction fondamentale : le traitement informatif avec conscientisation se subdivise lui-même en un temps *sans contrôle* et un temps *avec contrôle*.

L'habitude a été prise par les psychanalystes de nommer « mentalisation » le premier temps sans contrôle. Je la reprendrai ici à mon compte. S'y produisent sensations aussi bien qu'images et fantasmatisations. Dans la « mentalisation », l'auto-organisation se renseigne à travers un objet de conscience, mais *sans le contrôler*. On a également pris coutume d'appeler « symbolisation » le temps de la conscientisation contrôlée, dans lequel l'identification de l'objet mental survenu précédemment à la conscience (image, sensation, fantasme) se fait à *travers un système de signes codifié*.

Ce retour symbolisant sur ces premiers objets de conscience se déroule dans l'« espace de travail neuronal conscient » (Changeux), dans le contrôle, la récursivité et la réversibilité. Les travaux de Dehaene et Changeux ont clairement montré que ce mode d'information où apparaît le contrôle était celui où se produisait un « embrasement cortical maximal » (*Le Code de la conscience*).

Résumons notre propos : une information se prend avec ou sans conscientisation, une conscientisation se fait avec ou sans contrôle. Une conscientisation reste cependant toujours un *acte d'information*.

Ainsi, un déséquilibre nutritionnel commence-t-il par n'être qu'un signal chimique traité « computationnellement » (Damasio) par un ou plusieurs processeurs neuronaux, puis passant à l'état de conscientisation *mentale*, il devient une sensation, puis grâce au retour *réflexif* sur cette dernière, se codifie en un : « j'ai faim ». L'énoncé « j'ai faim » est le terme de ce trajet complexe de l'information, la dernière étape, le dernier « étage » de la succession d'*encodages* de la réalité à signaler, en l'occurrence un début de désorganisation interne.

3) Objet de conscience et représentation inconsciente

Avant de poursuivre, examinons le concept de « représentation inconsciente ».

Ce concept est un véritable non-sens. Si représentation il y a, *conscience de quelque chose* il y a nécessairement.

Inconscience il n'y a pas, par conséquent. Mais une inconscience du *sens*, par contre, est bien sûr tout à fait possible, par exemple du sens de ces images qui défilent dans mon rêve. Mais à quoi a conduit le fait de nommer cette inconscience du sens : « représentation inconsciente » ? À l'idée aberrante que je puisse avoir des « pensées » tout en n'étant pas conscient de les avoir ? Ou bien à l'idée que « ça » pense en moi sans moi, autrement dit à l'idée d'un Sujet inconscient, c'est-à-dire d'un penseur caché et capable de manipuler mes objets de conscience hors de mon champ de conscience ? Non, ça ne symbolise pas, ça ne représente pas en moi sans que le sache ! Ce qui ne signifie pas pour autant que ça ne traite pas de l'information, quand je ne symbolise pas ou quand je ne mentalise pas ! Le traitement informatif sans conscientisation est même *la partie la plus importante du travail effectué par notre cerveau* ! « L'essentiel de la vie se déroule de façon subconsciente » (Yves Agid, ibidem). Abandonnons donc ce concept de « représentation inconsciente », une représentation, cerise sur le gâteau, censée parfois subsister de façon autonome *au delà de son acte même de production* ! Comme si elle pouvait avoir une *existence autonome* ! Un objet de conscience dont je n'aurais pas conscience, c'est déjà en soi une contradiction dans les termes. Si en plus cet objet a la propriété de survivre telle une réalité autonome, au delà du temps de sa production, *contre les lois de l'« évanescence »*, c'est carrément une absurdité neurologique !

Cessons donc de continuer de recourir à ce concept obsolète de « représentation inconsciente ».

4) L'accédé à la conscience et l'accès au contrôle

Les travaux de Dehaene (*Le Code de la Conscience*) ont démontré qu'une corticalisation semble bien s'amorcer au moment du seul *accès à la conscience*, avant même l'embrasement global du cortex (qu'il nomme « l'avalanche ») corrélatif de la *manipulation contrôlée* des objets de conscience, alors que jusqu'ici l'on pensait cette corticalisation exclusivement réservée à cet *accès au contrôle*. Ces travaux ont donc permis de distinguer ces deux notions : accès à la conscience et accès au contrôle, de confirmer scientifiquement en quelque sorte l'intuition des psychanalystes qui avaient déjà clairement discriminé : mentalisation et symbolisation.

5) Cognition et métacognition

Le même Dehaene, dans ses cours au Collège de France, nomme « cognition » l'ensemble des processus mentaux qui nous permettent de traiter consciemment des informations. Sa « cognition » semble donc recouvrir ce que je nomme pour ma part le traitement informatif avec conscientisation.

Dehaene appelle ensuite « métacognition » les connaissances « prises réflexivement » sur les processus de la cognition. La cognition selon Dehaene désignerait donc l'ensemble des conscientisations par mentalisation et symbolisation, et sa « métacognition », le savoir réflexif, scientifique, pris sur ces modalités informatives. Tout est question de définition, mais je crois que rassembler sous un même terme de « cognition » la mentalisation et la symbolisation présente le désavantage de faire passer à la trappe, de laisser dans l'obscurité les *conscientisations non contrôlées que sont les mentalisations*, précisément celles qui, psychanalystes, nous intéressent le plus !

6) Conscience de soi et connaissance de soi

La conscience de soi s'éprouve soit en manipulant activement un objet de conscience, soit en ayant l'impression d'être le propriétaire de l'objet de conscience qui envahit notre champ de conscience. En réalité, tout objet de conscience est le résultat d'une activité productrice neuronale. Mais, subjectivement, je n'ai pas toujours conscience d'être le producteur actif de mes objets de conscience, je les perçois souvent comme si je les découvrais, dans un *état de passivité*, dans le rêve nocturne par exemple. Je sais seulement que j'en suis *le propriétaire*. Dans l'étape de la symbolisation, par contre, la conscience de l'activité productrice est bien là[1]. La passivité ressentie vis à vis d'un objet de conscience n'est que la conséquence d'une *inconscience de son activité de production*.

Ainsi le sujet halluciné est-il toujours le producteur de son objet de conscience, mais un producteur qui a perdu la conscience de son acte de production. Il se sent en conséquence *assiégé* par un contenu mental qui n'est plus son propre produit que pour l'observateur extérieur. Ce sujet sait cependant encore qu'il lui arrive quelque chose personnellement, que des contenus de conscience – certes d'origine extérieure selon lui – l'affectent en tant que sujet. Je veux dire que le conscientisé vécu a toujours pour lui la *valeur d'un événement de sa vie intérieure*. Dans l'ultime état de la dissociation psychique, par contre, un film, intérieur seulement pour l'observateur extérieur, se déroule devant le sujet sans que celui-ci puisse même *se l'approprier* comme un événement de sa vie intérieure. Pour lui, des contenus psychiques flottent en apesanteur dans un univers mental où a disparu tout *lien à soi*, et non plus seulement le lien à l'acte de production. C'est cet état de conscience que les toxicomanes,

1. La conscience de cette activité productrice comme attestation évidente de l'existence de soi-même, c'est ce qu'a voulu signifier Descartes avec son « cogito ». Se découvrir existant du seul fait de penser, en pensant tout simplement, voilà au moins une certitude absolue sur laquelle il comptait s'appuyer pour prouver déductivement l'existence de Dieu.

lorsqu'ils partent à la recherche du « joint », cherchent paradoxalement à (re)trouver. Perdre le « joint » à soi ? Ce à quoi doit servir le « joint » !

Certains neuroscientifiques pensent que le sujet ne parviendrait à la conscience soi que *réflexivement*. C'est ce que semble, après bien d'autres, affirmer Yves Agid (ibidem). Je n'aurais selon cet auteur conscience de moi-même que lorsque « je pense que je pense » (ibidem). À mon avis, pour avoir conscience de moi je n'ai pas besoin de me prendre pour objet (noématique) de conscience, il me suffit de penser, de penser à n'importe quoi, car la conscience de soi *accompagne systématiquement* l'activité de symbolisation. Elle lui est coalescente. La conscience de soi est *intuitive*, non réflexive. Quand je réfléchis, et pas forcément à moi, j'ai conscience de moi. Quand je pense que je pens*ais* à un problème à résoudre, je n'ai pas plus conscience de moi que lorsque je m'efforçais de le résoudre activement, l'instant d'avant. Que se passe-t-il quand je pense que je pense ? J'acquiers seulement une *connaissance* de moi en tant que *sujet qui pensait*, je n'ai pas davantage *conscience* de moi.

Sans doute est-ce la confusion de ces deux concepts *connaissance* et *conscience* qui a conduit à cette idée que nous n'aurions conscience de nous-même que *réflexivement*. Intensément co-présente à mon activité de contrôle et de manipulation de symboles, la conscience de moi-même *diminue seulement d'intensité*, dans les autres états mentaux, mais sans disparaître vraiment complètement, sauf dans les états dissociatifs extrêmes. Dans la mentalisation, quand le sujet a conscience de quelque chose, il conserve quand même un lien à soi minimal, ce sentiment de rester le propriétaire de ce qui lui arrive. Qu'on le veuille ou non, une forme de conscience de soi. Un sujet rêvant ne se sait pas immédiatement rêvant. Il ne le perçoit qu'après coup, réflexivement.

Mais il sait bien pourtant que ce n'est pas son voisin qui a rêvé ce rêve !

Mais à peine faite cette nécessaire distinction entre conscience et connaissance de soi, jaillit une question. Le vivant est-il si assuré que cela de prendre un jour une parfaite connaissance de soi ? Certains en doutent. Il n'y a pourtant aucune raison de penser que le sujet se leurrera indéfiniment sur son identité, parce qu'il lui arrive parfois de se méconnaître. Je ne vois pas pourquoi le processus d'identification de soi par symbolisation devrait déboucher intrinsèquement et fondamentalement sur une méconnaissance de soi. Or, c'est pourtant à cette conclusion qu'arrive Lacan, avec son concept de « Spaltung ». Suivons un instant son cheminement :

> La pensée est l'activité consistant à se placer en face de soi, pour être pour soi, et d'être soi dans cet autre que soi, écrivait Hegel. Le sujet « S », pour prendre conscience de soi, s'objective en passant par la médiation du langage, reprend en écho Lacan. Le sujet « S » s'objective en un « moi », tout comme s'objectivait la conscience hégélienne, par un mouvement de sortie de soi. Hélas, précise Lacan, l'objectivation de soi par la médiation du langage engendre une aliénation : l'objectivation de soi « est un mouvement d'aliénation progressive où se constitue la conscience de soi » (Écrits). Ou bien : le sujet « meurt de se savoir », « Il disparaît de n'être plus qu'un signifiant » (in *Les cinq concepts fondamentaux de la psychanalyse*).

Essayons de comprendre comment Lacan en vient ainsi à concevoir qu'un sujet qui s'identifie se perd inéluctablement, et au final se méconnaît, manque.

> Première hypothèse lacanienne : le sujet qui se pense se perd par une sorte de *pétrification* inhérente à l'acte de pensée.

Lorsque la pensée cesse d'être une pensée pensante, *vivante*, effectivement elle retombe dans l'être et se fige dans ce que Sartre nommait « le pratico-inerte », dans la matérialité de son support : le signifiant. Mais, pour moi, il n'y a de pétrification possible qu'au niveau d'une pensée *morte*, qui ne pense plus. Quand le sujet « S » réfléchit sur lui, il s'atteint bien en *traversant* un signifiant devenu totalement *transparent*. On sait par contre que le sujet psychotique peine justement à conserver à sa pensée l'immatérialité vivante de cette activité, qu'il lutte en permanence contre « l'opacification » (Sartre) rematérialisante du signifiant. La pensée du psychotique est toujours au bord de finir en écholalie, en bruit de mots. La traversée du signifiant, si évidente pout tout un chacun, s'achève souvent pour lui en une traversée d'un désert bruissant du son des mots. Il n'y a donc en réalité que la pensée du psychotique à « se figer ainsi dans l'être ». Ce n'est pas parce que la pensée se pétrifie effectivement chez certains sujets que toute pensée est en soi pétrificatrice. Qu'un sujet se perde parce que sa pensée s'éteint, ne prouve aucunement que le sujet s'éteint, à se perdre dans son activité de pensée ! En un mot, sortir de soi pour être pour soi, s'objectiver dans et par le langage, *ne fait en rien chuter le sujet dans la méconnaissance*. Ce que ferait une pensée effectivement pétrificatrice. Une pensée en soi pétrificatrice, n'est-ce pas une pensée quelque peu pétrifiante ?

> Seconde explication proposée par Lacan, de loin la plus intéressante : le sujet énonçant et le sujet de l'énoncé ne seraient plus *les mêmes*, de ne plus se situer dans le même plan temporel : « Il ne s'agit pas de savoir si je parle de moi d'une façon conforme à ce que je suis, mais si, quand j'en parle, *je suis le même que celui dont on parle* » (Lacan, Écrits). L'« S » énonçant ne pouvant jamais coïncider avec lui-même, s'atteindre, il est clair, pour Lacan, que le processus de connaissance de soi engendre inéluctablement une *foncière* méconnaissance de soi.

Effectivement, l'énonçant qui se pense énonce ce qu'il *était* avant l'énonciation, dans la mesure où quelque chose a changé au moment où il s'énonce, puisqu'il est désormais un *sujet qui se sait*. Ce en quoi il n'est en effet plus le même que celui dont il parle, celui qui ne savait encore rien sur lui-même ! S'énonçant sur son être prétendument présent, le sujet « S » parlerait en réalité *de ce qu'il n'est plus*. En conséquence de quoi le sujet devrait en fait parler de lui au passé et dire : « j'étais », quand il articule un « je suis ». Le sujet se perdrait donc toujours à simplement vouloir se connaître. Le raisonnement lacanien semble ici imparable. Il s'inscrit d'ailleurs dans un courant de pensée contemporain allant de Sartre à Deleuze, qui souligne une fondamentale différence de vitesse entre l'être toujours en mouvement et la pensée qui tente en vain de le rattraper. La pensée serait toujours en retard d'un temps, saisirait quelque chose qui n'est déjà plus (ou n'est pas encore). Le discours serait toujours condamné à parler d'un être disparu. Lacan aurait au fond repris et transposé ce modèle d'une non-coïncidence temporelle à la connaissance de soi par soi. Un sujet qui s'informe sur soi ne s'informe en vérité que sur ce qu'il était l'instant d'avant, il ne se saisit pas encore en tant que sujet s'informant, et ainsi de suite. Il ne s'atteint jamais, et surtout, et c'est là ce qui intéresse Lacan, il se manque, *il se perd*, il perd une partie de lui-même en cet acte de savoir. Et puisqu'à se penser le sujet se perd, et se manque sans cesse, à manquer éternellement de soi, il *désirera sans fin*. La « Spaltung » – cette « fente du sujet » créée par le langage – fonde ainsi selon Lacan le *vide* où s'origine le désir. Et son éternelle insatisfaction, puisque le sujet, qui cherche par le désir à retrouver son *unité perdue* de par son entrée dans le langage, ne se rejoindra évidemment jamais. L'objet « a » du désir, écrit Lacan, n'est que la « métonymie de la partie du sujet » disparue dans et par l'acte signifiant.

On pourrait presque s'y laisser prendre, tant ce raisonnement lacanien fascine, semble révéler notre vérité profonde, notre destin de Sisyphe. Mais ne s'y produit-il pas une confusion invisible des champs de l'être et de la pensée ? La modification dans le sujet décrite justement par Lacan ne se déroule pas dans le champ de l'être, seulement dans celui de l'information. S'il sait, quand il se connaît, qu'il parle en effet de celui qu'il n'est plus, cette incontournable *déclinaison du savoir à l'imparfait* n'équivaut pas du tout à une lacune du dit savoir, bien au contraire. L'« S » qui s'énonce s'apparaît bien à lui-même tel qu'en lui-même, à travers son objectivation dans et par le langage. Tout se passe comme si le décalage temporel entre le sujet énoncé et le sujet énonçant engendrait une *perte réelle* d'être, alors qu'il s'agit tout au plus d'un manque d'information, d'une *information encore manquante*. Et encore convient-il de préciser de quel manque informatif l'on parle ! L'instant d'avant le sujet ne savait pas qu'il ne se savait pas. Et l'instant d'après ? Il sait qu'il ne savait pas qu'il ne se savait pas... atteint du cancer. Et ainsi de suite, à l'infini, le sujet ne s'atteindrait jamais. Pour autant, le cancer a-t-il disparu, en ce prétendu et constant manquement informatif ?

Après tout, oserais-je dire, si le sujet se perd à parler, on peut lui suggérer de se taire. Cela lui permettra de rester l'absolu qu'il est implicitement selon Lacan *avant sa division dans et par le langage* ! Car, si le sujet n'était pas en effet une *complétude première*, quel sens il y aurait-il à affirmer qu'il se coupe de lui-même en parlant ? Pour Hegel, l'absolu advenait à la fin de l'Histoire, pour Lacan il est manifestement au début du langage. Si ce n'est pas là un avatar du mythe judéo-chrétien du paradis perdu ! Si je continuais de me laisser aller à mon agacement, je pourrais même insinuer que l'énonçant « S » court après un *petit tas*, quand il croit courir après un petit « a ». Le petit tas issu de sa fente ! Certains lacaniens vont même jusqu'à se réunir en congrès autour de ce petit « a ». Une façon de tourner autour du pot ?

Mais, redevenons sérieux, le sujet le mérite, Lacan également. Désirer, parce qu'on se manque, se manquer parce qu'on se pense ? Le raisonnement de Lacan repose, redisons-le, sur l'assimilation indue d'un manque d'information à un manque d'être, comme si le sujet, à se penser, *perdait réellement une partie de son être* ! Alors qu'il perd tout au plus un peu d'information, mais en réalité *pas vraiment sur son être*, seulement sur son *dernier acte informatif*.

De plus, celui qui affirme pareille fondamentale méconnaissance de soi au fond se contredit lui-même, car Lacan a manifestement réussi à dépasser cette foncière méconnaissance, puisqu'il *sait* que l'on se méconnaît fondamentalement sans cesse ! Se méconnaît-il encore ? Il s'est atteint manifestement quand il affirme que le sujet ne peut jamais s'atteindre, il ne se manque pas puisqu'il sait qu'il se manque à vouloir se savoir. Non, décidément, arrêtons de nous laisser prendre aux filets de ce raisonnement subtil mais au final fallacieux.

Non seulement le sujet qui cherche à se connaître finit par coïncider parfaitement avec lui-même, mais plus il se connaît, plus il intensifie cette coïncidence. Une façon réflexive d'être *encore plus présent à soi*, que dans la seule conscience intuitive de soi.

La théorie du désir de Lacan fait partie selon moi des *métaphysiques de la perte*, des nostalgies du *paradis perdu de l'indifférenciation*. J'y reviendrai plus loin, dans le chapitre sur le processus de symbolisation, ainsi que dans l'annexe 4 (p. 111).

7) L'inconscient et le non-conscientisable

C'est bien Freud lui-même qui pour définir l'inconscient a écrit : « Il ne s'agit plus d'une absence de conscience mais bien d'une réalité en soi : une sorte de réservoir des pulsions et de représentations dissimulées sous la conscience comme une cave sous une maison». Cela ne fait aucun doute, l'inconscient freudien est un *I*nconscient, écrit avec une majuscule !

Il va pourtant nous falloir là encore abandonner cette croyance en Sa Majesté l'Inconscient, accepter de ne voir enfin dans l'inconscient freudien que du non conscientisé ou plus exactement du *non conscientisable*. Et cela ne n'impliquera en rien de renoncer à l'essentiel du freudisme, à sa « clé de voûte », de l'aveu même de Freud : le « refoulement ».

8) La régulation inconsciente de conscientisation

L'« espace de travail neuronal conscient » cher à Changeux et Dehaene est certes un espace où le sujet peut faire preuve d'une manipulation souveraine et sans limite de ses objets de conscience, cela ne l'empêche pas d'y être soumis secrètement à des règles non immédiatement conscientisées régulant la production de ces objets symboliques. Et parmi celles-ci, le «principe de plaisir-déplaisir». Il n'y a en effet aucune raison *a priori* d'exclure ce principe freudien de l'ensemble des règles invisibles (syntaxiques, sémantiques ou autres) régulant inconsciemment notre espace de travail conscient.

En vertu de quoi, il existera des symbolisations singulières que le sujet ne pourra pas effectuer, sans le savoir, dans le lieu même du contrôle conscient, en l'espèce les symbolisations adéquates d'un désir réprouvé.

C'est en fait tout au long de la chaîne informative, et pas seulement au temps de la symbolisation, qu'interviennent un certain nombre de régulations inconscientes, toutes destinées à préserver l'unité de l'auto-organisation. Plutôt que de *contrôle inconscient* – une véritable contradiction dans les termes, qui en plus a conduit tout droit à l'idée encore plus aberrante d'un *Contrôleur* invisible –, je trouve utile de parler d'une *régulation inconsciente*, c'est-à-dire de la simple présence en nous de règles auxquelles obéit notre processus de traitement informatif, de règles régulant la production de nos objets de conscience, *y compris ceux manipulés dans l'espace du contrôle.*

Le freudisme a repéré cliniquement deux modalités de régulation inconsciente : celle qui court-circuite le *mode* de conscientisation lui-même (mentalisation ou symbolisation), et celle qui à l'intérieur du mode non court-circuité court-circuite cependant une *unité* d'information (sensation ou image ou fantasme ou sentiment). Une unité sémantique à la place d'une autre ? On reconnaît là le refoulement « secondaire » freudien, procédant par substitutions « métonymiques » et « métaphoriques », comme l'a précisé Lacan. Et dans le court-circuit du mode lui-même (de mentalisation ou de symbolisation), on identifiera la « forclusion ».

9) Le concept de « topique »

Il semble que notre processus de traitement informatif ait évolué de telle sorte que le *passage par toutes les étapes du cycle informatif s'avère incontournable.* Nous sommes ainsi voués à la symbolisation, condamnés à ne plus être des êtres purement instinctuels, c'est-à-dire à ne plus suivre comme les animaux un *trajet direct besoin-agir.* Autrement dit, pour qu'un comportement puisse advenir en nous, il faut qu'une information, au départ chimico-hormonale, finisse sa vie dans le champ du langage, retourne ensuite dans le subconscient.

Nous deviendrions du coup le siège d'une *double obligation* : une physiologique, celle du besoin, une autre informative, celle du processus de traitement informatif du besoin en question. Conduits à assouvir un besoin physiologique, certes, mais aussi à le saisir dans et par un processus informatif spécifique s'imposant à nous. C'est ni plus ni moins l'idée freudienne de « topique » que je reprends et expose ici en d'autres termes.

Mais plutôt que de parler de « topique », un concept trop imprégné de spatialisation idéaliste, il serait plus adéquat sans doute de parler de *cycle informatif*.

10) Le désir

La notion freudienne de « pulsion » peut-elle se réintégrer dans la théorisation que nous proposons ? Oui, mais à condition de considérer cette « inscription » qu'est la pulsion comme *l'acte d'information* par lequel le cerveau s'empare d'une première signalisation computationnelle du besoin physiologique pour en faire un objet de conscience, de mentalisation en l'occurrence. Par exemple, pour produire une *sensation* de faim.

On sait aussi que Freud tenait à signifier avec ce concept de pulsion la présence d'une certaine *irréversibilité* de ce premier acte de signalisation. C'est exactement cette même idée qu'a développée Lorentz avec son concept d'« empreinte ». La façon dont un sujet se saisit pour la première fois d'un besoin peut en effet donner lieu à une « empreinte », dans et par un « conditionnement non associatif » (J. Robion *Essais de neuropsychanalyse*). Ainsi l'oie de Lorentz identifie-t-elle toujours son « besoin de sécurité » – nommé par Bowlby, comme le sait, « attachement » – comme une nécessité de se rapprocher d'une mère à forme humaine.

Si la notion de pulsion peut donc parfaitement se réintégrer dans une théorie de l'information, en tant qu'« empreinte », en sera-t-il de même de celle du désir ?

Le désir est lui aussi un acte informatif par lequel le sujet se renseigne, au moyen d'un code symbolique, le langage, sur une certaine réalité interne. Désirer signifie par conséquent mettre des mots sur une prise d'information antérieure, une mentalisation, plus précisément une fantasmatisation. Sur un fantasme, une image, un rêve, par exemple. Cessons en conséquence de l'écrire, ce désir, avec une majuscule ! Le désir n'est que la *symbolisation d'une relation de satisfaction advenue ou à venir*, que le sujet a commencé par mentaliser, c'est-à-dire imager, scénariser, avant de pouvoir lui donner sens.

Que signifiera, dans ces conditions, l'expression « refouler un désir » ?

Dire qu'un sujet « refoule un désir » reviendra seulement à affirmer qu'il ne donne pas le sens correct, ou n'en donne pas du tout, à un précédent objet de conscience situé dans le registre de la mentalisation. Refouler un désir ne veut donc aucunement dire barrer la route à une réalité désirante *pré-existante*, logée on ne sait trop où, dans une *boîte à désirs*, tout comme la pulsion était supposée subsister dans une *boîte à pulsions* – le « Ça » freudien –, le tout logé dans une autre boîte, la *Psyché* ! Et comment ensuite prennent place toutes ces boîtes dans la *boîte crânienne*, j'aimerais bien le savoir ! Pas plus qu'il n'existe un Inconscient rempli de pulsions, n'existe donc un Inconscient rempli de désirs attendant dans une antichambre qu'un Moi leur ouvre la porte de la Conscience, ou qu'un Cerbère leur en ferme l'accès. Plus prosaïquement, plus modestement, ajouterais-je, tant le discours sur le Désir et son compère le « Manque » atteint parfois des sommets de fatuité et de bêtise, quand un désir se refoule c'est la symbolisation d'une mentalisation qui se pose mal ou ne se pose pas du tout (rappelons qu'un évitement informatif peut se produire selon deux façons : substitution d'une unité informative à une autre à l'intérieur du mode, ou suppression du mode informatif lui-même dite forclusion).

Pour nous résumer, refouler un désir ne signifie pas repousser quasi physiquement une réalité déjà là, *déjà constituée*, cela veut seulement dire *ne pas constituer en désir une autre réalité que du désir.*

En un mot, le désir n'est qu'une prise d'information sur une autre réalité que lui-même, sur une précédente prise d'information.

Si nous n'opérons pas, à propos du désir comme de la pulsion, cette mise au point conceptuelle, nous revenons immanquablement au « mentalisme » inhérent à une certaine psychanalyse, vigoureusement et judicieusement dénoncé par Wittgenstein. Le mentalisme en question consistant à prendre l'information, par exemple le désir ou la pulsion, pour la réalité dont il faudrait s'informer. Le mentalisme procède à une mise en boîte du fait psychique, elle-même si magnifiquement « mise en boîte » par Wittgenstein, avec sa célèbre « métaphore du scarabée » !

Autre petite mise au point nécessaire avant de poursuivre notre propos : l'activité de mentalisation est une activité *pré-symbolique* et non pas « préconsciente ». Comment pourrait-elle être qualifiée de préconsciente, puisqu'elle est une activité productrice d'un objet de conscience, une activité de conscientisation sans symboles ! Un évitement informatif pourra donc s'y produire, selon les deux modalités décrites précédemment.

11) L'automatisation

Lorsque les doigts de la main gauche d'un pianiste fonctionnent miraculeusement tout seuls tandis qu'il concentre son attention sur une difficulté technique de la main droite, les informations devant être traitées pour l'exécution du trait de la main gauche le sont en mode automatique, inconsciemment, après avoir été bien entendu en un temps précédent de l'apprentissage traitées consciemment, laborieusement. Nous procédons ainsi sans cesse à des retours à une automatisation, façon de ne pas avoir à refaire toujours les mêmes opérations de traitement informatif. Yves Agid nomme « Subconscient » cette capacité extraordinaire d'automatisation qui nous permet de laisser constamment libre et disponible notre espace de travail conscient. La capacité de produire des objets de conscience a augmenté, décuplé notre capacité adaptative, écrit Edgar Morin (in *La vie de la vie*). En effet, mais pour préserver ce formidable outil adaptatif qu'est la production d'un objet de conscience, le cerveau recourt massivement à une mise en « pilotage automatique ». En un mot, l'auto-organisation que nous sommes fait en sorte de toujours s'informer *à moindre coût énergétique*. Et puisque de toute évidence l'information par conscientisation contrôlée est la plus coûteuse en énergie, elle recourt en permanence à cette automatisation judicieusement nommée « subconscient ».

Plus une auto-organisation augmente ses automatisations, son « subconscient », plus elle économise de l'énergie, plus elle se révèle capable de création et d'adaptation.

12) Automatisation négative, automatisation positive

Je propose de nommer automatisation positive, celle sur laquelle le cortex peut reprendre la main, qu'il peut « rappeler », pour reprendre ce concept très intéressant d'Yves Agid (ibidem). Une automatisation est dite positive en ce quelle permet au sujet de faire soit une économie d'énergie soit une économie de déliaison. Un apprentissage est une automatisation positive, il fait partie de ce que Yves Agid nomme « subconscient ». Mais, contrairement à ce que cet auteur affirme, l'inconscient freudien ne fait pas partie selon moi du subconscient. même si effectivement il fait partie des automatisations positives, dans la mesure où ce qui est sorti du champ de conscience, pour les raisons que l'on vient d'évoquer, peut parfaitement revenir dans le champ de conscience, dans l'« espace de travail conscient global », après en avoir disparu où n'y être pas apparu. Sinon, quel sens il y aurait-il à proposer au sujet une cure psychanalytique si l'on ne présupposait pas la *possibilité* de ce rappel ? Il y a donc bien deux formes d'automatisation positive : le subconscient et l'inconscient.

Qu'est-ce alors qu'une automatisation négative ? C'est une automatisation qui échappe à une reprise du contrôle cortical. L'« espace de travail neuronal conscient » ne peut plus reprendre la main sur certains circuits cérébraux, lesquels fonctionnent en autonomie, tout comme s'ils faisaient *sécession*. Une automatisation négative pourrait donc tout aussi bien se nommer : *sécession neuronale*.

Il existe deux catégories de sécession neuronale ou déconnexion cortico-subcorticale : celle provenant d'une lésion anatomique, c'elle provenant d'un traumatisme. La coupure qui se produit avec la centralisation corticale, la décorticalisation, peut être d'origine aussi bien fonctionnelle qu'organique, anatomique. Le résultat sera le même : le cortex ne peut pas reprendre sans des techniques appropriées le contrôle de l'automatisé. Ce qui est sorti du champ de conscience n'y reviendra pas par les voies classiques corticalisées, celles de l'espace de travail conscient.

Mais encore faut-il s'entendre pour avancer ces hypothèses sur la définition exacte du concept de « cortex » ! Sur ce fait que les opérations effectuées par le cortex frontal antérieur *ne se réduisent pas* à celles nécessaires à la production du contrôle conscient. L'« espace de travail neuronal conscient » (Dehaene et Changeux) est certes un concept indispensable, incontournable, fait remarquer Yves Agid, mais qui ne rend pas entièrement compte de *l'ensemble des activités* du cortex frontal antérieur. Il s'y produit, explique cet auteur manifestement d'autres activités, entre autres une qui nous intéresse, psychanalystes, plus particulièrement : *la gestion de la régulation inconsciente de conscientisation.* La sélection inconsciente d'informations fait partie des nombreuses opérations de coordination et de centralisation et d'intégration effectuées par le cortex frontal, dont nous n'avons aucune conscience, fort heureusement, et qui nous permettent pourtant de manipuler allègrement nos objets symboliques. C'est à mon avis tout simplement la légitimité de la psychanalyse, les conditions de sa possibilité, que refonde Yves Agid, à son corps défendant peut-être, quand il différencie ainsi comme il le fait les fonctions corticales de celles de « l'espace de travail neuronal conscient ». Le cortex n'est pas uniquement alloué à cette fonction de manipulation libre et volontaire des symboles, bref au « contrôle conscient » ! Il s'y passe bien d'autres choses invisibles, qui permettent justement pareille manipulation ! On se demande donc bien pourquoi ne s'y déroulerait pas une régulation tout aussi invisible des informations, un évitement informatif inconscient, en un mot le refoulement ! Lequel serait alors à comprendre, non plus à la façon freudienne comme l'effet de l'action d'un *Cerbère contrôleur* contrôlant les entrées dans l'espace de travail, tel un autre sujet présent derrière le sujet conscient, mais seulement comme le produit d'une *règle invisible* du processus informatif, ni plus ni moins invisible que ne le sont au demeurant les règles grammaticales et syntaxiques nous permettant de parler, ou celles logiques, de penser.

Ne plus *réduire l'activité corticale à l'activité du contrôle conscient* présente accessoirement l'avantage de mieux comprendre la différence entre la « mauvaise foi » sartrienne et le refoulement freudien. La mauvaise foi, dont la visée explicite pour Sartre était de préserver la possibilité de l'imputation morale, énonce clairement le pouvoir du sujet de savoir à tout moment ce qu'il évite de savoir, de lui-même ou du monde. Le contrôle de l'évitement de sens y est conscient, l'œuvre par conséquent de l'espace de travail conscient, tandis que le refoulement, renommé par moi évitement de symbolisation, reste certes, lui aussi, sous une gestion centralisée, *corticalisée*, mais aucunement sous celui de l'espace de travail, ce en quoi il mérite l'appellation de *régulation inconsciente de conscientisation*. La régulation inconsciente de conscientisation est une activité hautement corticalisée. Ajoutons ce fait que, puisque le cerveau s'arrange toujours pour faire des économies d'énergie, il s'abstiendra de *refaire* sans cesse la même opération invisible d'évitement symbolique, il automatisera donc un premier évitement[1].

Le retour du refoulé automatisé dans le champ de conscience est difficile non pas parce que se serait installée une sécession neuronale, c'est-à-dire une déconnexion cortico-subcorticale, comme dans le trauma, mais parce que les règles qui ont déterminé le tout premier évitement de sens n'ont pas disparu comme par magie ! Elles continuent donc de *régir le processus thérapeutique de déconstruction* de l'automatisation. Ce sont elles qui se manifestent dans le phénomène de la « résistance ».

1. C'est au demeurant exactement la thèse soutenue par Lacan, quand il montre que le sujet, à suivre le trajet tout tracé d'un circuit langagier conditionné, les rails de ses « métaphores » et « métonymies », passe tranquillement à côté de son désir. Et à moindre coût énergétique. « L'emprise du signifiant sur le sujet » peut donc parfaitement se reformuler telle une façon pour le sujet refoulant d'économiser son énergie psychique, de se reposer sur une automatisation de ses déconnexions signifiantes. À l'issue de quoi la régulation inconsciente se transforme en quelque sorte en du subconscient !

13) La « réalité psychique »

À travers un processus général d'information, une auto-organisation s'informerait donc sur quelque chose. Mais sur quoi exactement ? Quelle est la *réalité à signaler* dont ce processus serait la signalisation ?

De toute évidence et en premier lieu, on pense bien sûr à une réalité physiologique. De nos besoins fondamentaux, nutrition, sexualité, sécurité, survie, tel pourrait être constitué *l'être* devant *être signalé.* C'est de cette façon la plupart du temps que se formalise une théorie de l'information. On s'y informerait quasi exclusivement sur du physiologique, de l'hormonal, au final, sur de *l'être réduit au somatique.*

Mais à ce faire, on oublie une caractéristique fondamentale du processus informatif : la *réflexivité,* c'est-à-dire la capacité de prendre pour objet d'information une précédente information. Revenir par exemple sur une sensation diffuse pour la développer en image, ou revenir sur une image pour en faire un scénario fantasmatique, ou revenir sur un fantasme pour élaborer un désir. À chaque moment, de fait, nous nous informons sur une information. C'est exactement cela qu'on appelle la « réalité psychique ». Notre vie intérieure est faite d'une production constante d'une pluralité d'objets de conscience. Il est donc clair, d'une part, que cette activité informative, classiquement dite « représentationnelle », fait désormais tout autant partie de notre être que l'être physiologique ou physique qu'elle a la charge de signaler, d'autre part qu'elle se caractérise essentiellement par cette propriété quasi miraculeuse, la réflexivité.

L'exercice de ladite réflexivité présuppose de fait une condition préalable : la possibilité du retour sur la prise d'information première, sur l'objet de conscience premier. Or, tout objet de conscience est, on l'a vu, « évanescent ».

Comment revenir sur une réalité intérieure à laquelle on ne prête pas ou plus une existence en soi autonome, sur une idée par exemple ? En reproduisant, en répétant l'acte qui l'a précédemment généré, tout simplement ; ce qui suppose la conservation non pas de l'objet de conscience, dans un ciel des Idées, mais de son *circuit de production*, en un mot un *stockage neuronal*. Utilisant cette *mémoire neurochimique*, l'auto-organisation crée de nouvelles connexions signifiantes qui à leur tour s'« engramment », et ce, indéfiniment. Le stockage neuronal (des circuits de production) est la condition de possibilité de la réflexivité. Ce qui permet de revenir sur ce qu'on ne peut retenir[1].

Pouvoir prendre une information pour objet d'information engendre un phénomène assez extraordinaire : une *déconnexion* possible d'avec la réalité devant être signalée. On peut ainsi parler d'une sensation sans la vivre, d'un sentiment sans le ressentir.

Et surtout, *l'oubli* de sa propre réflexivité fait que le sujet prend sans s'en rendre compte ce dont il parle pour la réalité devant être parlée, le signal pour l'être à signaler. *L'oubli de la réflexivité est la source de toutes les croyances.*

L'oubli de sa réflexivité, ou, ce qui revient au même, du statut informatif de son objet de conscience, et de facto, de sa propre *activité de production* informative, amène le sujet à une autre forme de metalepsis : prendre non plus *le signal*

1. Se produit-il un *effacement* des premiers circuits engrammés au fur et à mesure des nouvelles créations de connexions signifiantes, les dernières remplaçant les premières, comme la chose se produit dans un logiciel d'écriture bien connu ? D'aucuns le pensent et nomment cet effacement quasi magique « plasticité ». Une telle plasticité reste cependant à prouver neuroscientifiquement. Pour l'instant, je préfère concevoir la « plasticité » simplement comme la capacité de reproduire quasi indéfiniment un premier objet de conscience, et en un second temps, de transformer le reproduit en produisant un autre et nouvel objet de conscience, en créant un nouveau circuit.

pour le signalé (sa représentation pour l'être représenté) mais *le signal pour le signalant* (le produit pour le producteur). Croire par exemple qu'il existe une Psyché à l'origine du psychique, un Esprit à l'origine du spirituel, une Idée à celle du concept, un Sujet à celle du Je.

À l'issue de la metalepsis du signal et du signalé, les entités mathématiques se sont vues accorder une existence transcendante éternelle sous la forme bien connue des Idées platoniciennes, alors qu'elles ne sont que l'extériorisation objectivante des règles intrinsèques de notre processus symbolique, « transcendantales », disait Kant. Les Idées platoniciennes existent bien en effet, mais sous la forme des lois internes de ce processus, tels des circuits neuronaux obligatoires, des parcours obligés de production conceptuelle. Ce qui n'enlève rien à leur éternité !

À la suite de la metalepsis du signal et du signalant, le fait psychique s'est vu raccordé à une substance productrice existentiellement autonome : l'âme ou la conscience, ou l'esprit.

Cette capacité de prendre pour objet de travail une information antécédente a permis le développement de ce qu'on appelle la culture. Un *affranchissement* incontestable de notre enracinement naturel. La réflexivité a ainsi transformé notre sexualité en une recherche du plaisir, faisant passer en second sa fonction première, la reproduction. Si l'humanoïde est avec certains primates la seule espèce capable de copuler sans cesse, juste pour le plaisir, c'est bien à la présence en lui de cette réflexivité qu'il le doit.

Tout se passe en fait comme si le cortex avait fini lui aussi par *faire sécession*, exactement comme peuvent le faire les aires sous-corticales dans un trauma ou une lésion. Dans une coupure totale d'avec notre nature biologique, dans une abstraction et une intellectualisation pures, nous pouvons faire fonctionner notre activité symbolique, comme on le sait hautement corticalisée, et au final nous croire dotés d'un Esprit qui survivra à notre corps, etc.

Signal pris pour l'être à signaler ou pour le signalant ? Avec ces metalepsis naissent les fictions de l'Esprit, de la Psyché, du Sujet, de la Liberté.

Qu'est-ce que cela change au juste de savoir qu'il n'y a pas une Psyché à la source de notre vie intérieure ? Rien. Nous prenons du plaisir, nous souffrons, nous pensons tout autant. Rien, et tout, pourtant, puisqu'il est sûr que notre processus de conscientisation ne survivra pas à la dispersion des atomes de notre corps.

Une autre chose est sûre également : la surcorticalisation de notre processus d'information a cessé de faire de nous des êtres purement instinctuels.

II

L'évitement de mentalisation

1) Le traumatisme

Le traumatisme, comme on le sait, est un *évitement de mentalisation* qui se produit sous l'effet d'un dépassement du seuil de tolérance émotionnelle, d'un trop plein d'émotion. Le trauma est un « trop-mal » (Jacques Robion, *Essais de neuropsychanalyse*).

Francine Shapiro, créatrice de l'EMDR, dans *Dépasser le passé*, reprend clairement le concept neuroscientifique d'une « déconnexion radicale entre aires du cerveau » ; entre l'aire inférieure thalamique des émotions et les aires supérieures corticales, plus précisément.

> Un événement dramatique provoque un premier évitement de mentalisation. Se met en place un circuit court, *court-circuitant* les réseaux corticaux frontaux du contrôle. Cet évitement se « stocke » (ibidem) neuronalement, l'évitement informatif premier persiste alors dans et par une sorte *d'inertie neuronale*. S'installent alors, explique ce même auteur qui a fait judicieusement siennes les découvertes récentes des neuroscientifiques sur le traumatisme, des comportements destinés à renforcer cette fuite stockée de mentalisation, façon de ne plus se trouver confronté à nouveau à l'incapacité de gestion ainsi mise en mémoire, autrement dit de ne pas se retrouver dans l'état dit d'ESPT (état de stress post-traumatique). Ces stratégies défensives s'appellent les « cognitions négatives ». Le retour de la « panique traumatique » se produit quand échouent ces « cognitions négatives ».

Les « cognitions négatives » sont donc clairement un traitement d'après-coup, un *système préventif.*

> Elle cite en exemple le cas d'un adulte qui n'avait pu mentaliser, enfant, sa terreur physique face à la colère d'un père devant qui, tétanisé, il avait bégayé lamentablement sa leçon. Le jeune garçon avait alors fait sien un désir d'être parfait, développé un « besoin d'excellence », pour ne pas voir *revenir en lui* cette incapacité « stockée » de mentalisation[1].

Cette conception du trauma par Francine Shapiro est issue, on le voit, en droite ligne de celle de Freud, mais est réécrite à la lumière des récentes découvertes des neurosciences. Elle me semble parfaitement juste cliniquement.

Au demeurant, Bion, avant cette auteure, s'était penché longuement sur ce phénomène des *émotions ingérables* et l'avait comme on le sait conceptualisé en termes d'« identifications projectives ». Les analyses de Bion nous restent infiniment précieuses, mais à condition de passer outre le langage obsolète dans lequel elles s'expriment, qui accorde une réalité substantielle, *élémentaire*, aux évènements mentaux-psychiques. Un « élément interne », dit « Beta » par Bion, est selon ce langage, « évacué » hors d'une Psyché non « contenante ». Hors d'un *Contenant* psychique, en vérité ! Laissons tomber cette terminologie et gardons par contre ce qu'il a pu dire de si cliniquement juste à propos de la « fonction alpha ».

En substance :

> Si une « identification projective » se produit chez l'enfant, c'est parce que manque une fonction apaisante externe, maternelle, capable de décontaminer la puissance émotionnelle intrinsèque de l'évènement. Du fait de ce *manquement* maternel réel, ce dernier en devient « non métabolisable » par

1. Une « cognition négative » ne désigne pas l'identification d'un négatif présent soit dans le sujet soit dans l'objet. Il n'y a pas la moindre négativité dans les « cognitions négatives ». Une cognition est en fait dite « négative » par rapport au handicap adaptatif que sa conservation représente.

l'enfant et doit en conséquence être « évacué », par « identification projective » (Bion). Non décontaminé, l'événement intérieur *reste* « intolérable ». De fait, il est au départ déjà « intolérable », parce que le sujet ne faisant pas encore *la différence entre l'interne et l'externe*, ses propres productions mentales sont ressenties telles des invasions étrangères auxquelles il ne peut échapper. Dans la persécution.

Là où Bion parle d'« expulsion », on pourrait tout aussi bien parler de *forclusion de mentalisation*. Le bébé se débarrasse par ce mécanisme de son activité de mentalisation persécutrice dans et par ses rages psychomotrices.

Le résultat est bien sûr le même, lorsque fait défaut une fonction apaisante externe : les mentalisations initiales conservent leur charge émotionnelle première, « *terrifiante* », comme le dit, quand elles reviennent.

Autrement dit, le sujet conserve son mouvement premier de fuite. Il *« stocke » neuronalement* sa fuite première de mentalisation.

Si, au départ, une absence de capacité « alpha » externe peut parfaitement expliquer la toute première difficulté de mentalisation d'un événement traumatogène, ensuite c'est bien à un conditionnement, à une *rupture « stockée » de communication entre aires cérébrales*, donc à une sécession neuronale, que l'on doit le maintien dans le temps de ce premier évitement !

L'inertie neuronale, autre nom du conditionnement, est une réalité dont il nous faudra, psychanalystes, désormais tenir compte. Cela nous évitera peut-être de verser dans une surestimation des vertus thérapeutiques de la fonction alpha *du psychothérapeute*. Autre chose qu'une seule écoute bienveillante et dédramatisante sera nécessaire pour venir à bout d'un telle sécession neuronale, d'un tel court-circuit automatisé des zones corticales frontales, siège du contrôle et de l'intégration.

2) Mentalisation en souffrance

Que se passe-t-il lorsque le sujet traumatisé tente de reprendre son processus de traitement informatif interrompu à l'étape de la mentalisation ?

Francine Shapiro cite le cas d'un patient, un vétéran de la guerre d'Irak en proie à un ESPT (État de stress post-traumatique) :

> Spectateur impuissant de la mort atroce sous ses yeux d'une vieille femme irakienne, ce militaire s'en est senti contre toute rationalité consciemment responsable. Sa thérapeute fait apparaître qu'à l'occasion de ce drame aurait resurgi un sentiment de culpabilité ressenti par le sujet, enfant, vis à vis de sa grand-mère, pour n'avoir pas su s'interposer dans le conflit de celle-ci avec sa mère. Et en amont encore, serait réapparu, toujours avec l'association dite « ciblée » (dirigée), un malaise relatif à la mort frôlée par son frère cadet, frère qu'il n'avait pas su protéger en tant qu'aîné, en l'absence des parents, alors qu'il en avait la responsabilité ; ce qui lui avait valu de terribles reproches de la part de ceux-ci. Cet homme, nous explique l'auteure, a développé la « cognition négative » suivante : « venir à tout prix en aide à l'autre en souffrance ». Et c'est précisément ce système préventif qui a été pris en défaut par l'événement tragique irakien. La mort horrible de la femme irakienne a fait craquer tous les barrages ultérieurement édifiés pour éviter le retour ingérable d'une émotion non gérée en son temps.

L'explication est claire et parfaitement convaincante.

J'ajouterai seulement qu'il est tout aussi patent qu'une *souffrance de symbolisation* est venue s'associer chez cet homme à sa souffrance de mentalisation. Il est manifestement question en effet dans le matériel mentionné par l'auteure d'un *manquement moral* (imaginaire ou réel) : celui de l'aîné à l'égard de son cadet. Que la thérapeute ait dû « remonter » à cette faute infantile du sujet montre à l'évidence qu'une difficulté de symbolisation est venue se mêler au choc traumatique de l'accident du frère, *en lui-même déjà insupportable*, qu'un autre insupportable, *d'ordre manifestement identificatoire*, est venu se greffer à l'événement réel, à savoir : une identification de soi (d)énonçant le manquement du sujet aux valeurs familiales. Quand sur un événement traumatogène se greffe ainsi un manquement moral (imaginaire ou réel) de la part d'un des acteurs de l'événement, s'ajoute une difficulté supplémentaire pour mener à son terme le traitement informatif interrompu déjà au niveau de la mentalisation. La symbolisation tombe à son tour en panne.

Plus on se penche d'ailleurs sur les textes de Françoise Shapiro, plus on s'aperçoit que, partant d'une interruption de mentalisation, elle arrive paradoxalement et quasiment toujours à mettre en évidence une *symbolisation restée en souffrance*, mais tout en refusant de la nommer en tant que telle, comme si le trouble psychique du sujet ne pouvait, ne *devait* se penser qu'en termes de blocage de mentalisation, comme si toute pathologie psychique ne devait être que traumatique.

On retrouve curieusement ce même *rabattement* de l'étiologie de la pathologie psychique sur les blocages stockés de mentalisation, chez certains post-bioniens, je pense entre autres à Ferro, Lombardi, quand ils affirment par exemple que grâce à la fonction alpha du psychanalyste, le sujet psychotique va pouvoir « s'autoriser enfin à éprouver ses états émotionnels restés terrifiants ». Mais ce qui vaut pour le bébé, vaut-il pour le sujet psychotique ? Ce-dernier ne ferait-il que continuer de fuir (par conditionnement, par stockage) une mentalisation source de souffrance ? Et la thérapie du sujet psychotique n'aurait-elle alors pour fonction principale que de lui permettre de « remettre en route » ce mode informatif spécifique bloqué ? Personnellement, je ne le crois pas. Le sujet psychotique n'évite pas seulement une mentalisation douloureuse, ou s'il le fait, c'est parce qu'une symbolisation *suivrait nécessairement* cette remise en route de mentalisation. L'insupportable pour le psychotique est beaucoup plus selon moi *d'ordre identificatoire*, comme chez le névrotique, mais situé, on le verra plus loin, au niveau de la symbolisation des injonctions contradictoires de *différenciation et d'indifférenciation*. En un mot, c'est bien une *symbolisation* que le sujet psychotique va s'efforcer d'éviter, plus qu'une mentalisation. Que cette dernière reprenne, et le sujet se retrouve face à un *conflit identificatoire* grave, que je tenterai d'analyser dans le chapitre suivant.

Mais revenons au blocage traumatique de la mentalisation.

3) Souffrance de mentalisation et symbolisation en souffrance

À partir du moment où l'on adhère à l'idée d'un traitement informatif fonctionnant en cycle, il est clair que si une mentalisation se bloque suite à un excès d'émotion, automatiquement la symbolisation *qui aurait dû suivre dans le déroulement naturel du processus informatif* n'aura pas lieu. Un trauma est nécessairement suivi d'une souffrance de symbolisation. Raison pour laquelle il est impossible de dissocier dans le traitement thérapeutique mentalisation et symbolisation.

Il est très difficile de démêler chez certains sujets ce qui relève d'une mentalisation en souffrance, stoppée nette dans son élan, d'une souffrance de symbolisation, je veux dire d'une difficulté à *donner sens* à l'événement traumatogène venue s'intriquer au phénomène traumatique. On l'a vu dans le cas cité plus haut, y compris dans une problématique d'apparence purement traumatique, vient s'infiltrer souvent une souffrance identificatoire, qui empêchera, si l'on n'y prend garde, la reprise de la mentalisation effectivement bloquée, plus précisément la *déconstruction de l'automatisme de l'évitement de mentalisation.*

La reconnexion amygdale-cortex visée explicitement par une thérapie EMDR ne se produira pas ; si ne se traite pas en même temps cet évitement de symbolisation. Ce que font d'ailleurs les thérapeutes EMDR mais, sans le dire, sans l'avouer, comme on peut le voir en cet exemple que nous rapportons du militaire « *remontant* » à cet épisode de son enfance ! Pour trouver quoi ? Une culpabilité infantile restée impensée ! C'est ce *sens* enfin donné à l'imaginaire qui a accompagné cet événement de son enfance, qui a autorisé le sujet à dépasser son authentique déconnexion cortico-subcorticale. C'est ce sens non advenu qui a même transformé secondairement l'événement irakien en un trauma, en une seconde déconnexion cortico-subcorticale ! Pour dépasser cette sécession neuronale, d'origine non organique, reprécisons-le, il lui a fallu *lever un refoulement* ! Le mieux serait de le reconnaître ! Chassez par la porte le refoulement, il reviendra toujours par la fenêtre, d'une façon ou d'une autre !

La plupart du temps, évitements de mentalisation et évitements de symbolisation sont donc ainsi parfaitement indémêlables. Bien malin est celui qui peut affirmer a priori face au malade comment se sont intriqués ces mécanismes de protection. Bien malin celui ou celle qui peut affirmer en face du malade si le comportement dysfonctionnant, objet de la plainte, relève d'une « cognition négative », c'est-à-dire d'un mécanisme préventif destiné à prévenir le retour d'une panique émotionnelle, ou d'un « mécanisme défensif » destiné à écarter la venue d'une symbolisation insupportable.

Les deux concepts méritent pourtant d'être soigneusement distingués, le premier étant lié à un évitement de mentalisation, le second à un évitement de symbolisation. Et ne travailler qu'avec l'un des deux ne peut que nuire au malade. Voir par exemple dans un trouble comportemental l'expression du refoulement d'un désir condamné surmoïquement, la trace d'un « conflit psychique », alors qu'il ne pourrait s'agir tout simplement que d'une stratégie préventive inconsciente visant à mettre le sujet à l'abri du retour d'une émotion désorganisatrice, du retour d'une incapacité de traitement informatif ! En un mot, le même reproche de réductionnisme que je viens d'adresser à l'EMDR peut s'appliquer à la psychanalyse, à celle du moins qui s'enferme dans une conceptualisation du trouble psychique en termes exclusifs de « conflit psychique ».

III

L'évitement de symbolisation

Nombre de praticiens EMDR s'interrogent cependant avec honnêteté sur la réduction théorico-clinique à laquelle conduit le maintien d'une étiologie purement traumatique de la pathologie psychique, telle que la revendique Francine Shapiro.

Et parmi eux, Jacques Roques (*Guérir avec l'EMDR*). Autre chose qu'un simple oubli de l'événement traumatogène semble intervenir dans certaines souffrances psychiques, écrit-il, à savoir : « une blessure narcissique ». En effet !

Une blessure narcissique ? Une souffrance identificatoire par conséquent, je veux dire liée à l'identification de soi par soi, et générée par la prise de conscience de ne pas être ce qu'on voudrait être ou d'être ce qu'on ne voudrait pas être. C'est cette identification de soi, qui vient immanquablement se mêler à celle de l'événement réel, qui fait parfois obstacle à la mise en sens correcte dudit événement et provoque un *évitement de symbolisation*.

L'évitement de symbolisation est le champ de recherche théorique dans lequel la psychanalyse s'est développée, épanouie et a manifestement fait la démonstration de son efficacité. Son domaine de prédilection privilégié en quelque sorte.

1) Symbolisation et narcissisme

Je vais présenter brièvement les liens entretenus par la symbolisation avec le narcissisme, tels qu'a pu les penser la psychanalyse.

Lorsqu'un acte ou seulement le désir de cet acte ne correspond manifestement pas à l'idée que le sujet se fait de lui-même, à son identification donc, cet écart génère une fuite de symbolisation de l'évènement réel.

C'est donc fondamentalement une perte de valeur de soi, ou d'« intégrité narcissique », pour reprendre les termes de Jacques Roques, que tend inconsciemment à éviter le sujet qui refoule la mise en sens d'un événement donné. *Être ou ne pas être ce transgresseur-là, être ou ne pas être ce désirant-là.*

Là réside d'ailleurs la différence fondamentale avec les thérapies neurocognitives pour lesquelles le douloureux d'hier n'est pas celui d'aujourd'hui. Selon ces dernières, le sujet conserverait seulement des représentations inadéquates par le seul fait d'un conditionnement neuronal, telle une *croûte* gênante dont il faudrait se débarrasser. Le *passé en croûte*, qu'on me pardonne l'expression, est bien une réalité que nombre de malades ont du mal à digérer, l'inertie neuronale est bien une réalité dont il faut vraiment tenir compte, sur ce point les TCC ont raison. Mais si, pour ce même événement du passé, souffrance identificatoire il y a eu hier, souffrance identificatoire il y a encore aujourd'hui, dans la mesure où le système de valeurs intériorisées sous la forme d'un surmoi continue d'exister et reste le même aujourd'hui qu'hier. La douleur est à conjuguer au présent, pas au passé. Le sujet ne fuit donc pas une représentation donnée, du fait d'une simple inertie neuronale, il continue d'éviter inconsciemment une « blessure narcissique ». Et c'est même son évitement *actuel* qui s'oppose à la reprise du traitement informatif dit par les TCC incorrect, à travers le phénomène de la résistance.

Le narcissisme est le ressort essentiel de l'évitement de symbolisation.

2) Les définitions du narcissisme

Encore faut-il s'entendre sur ce que l'on nomme narcissisme !

Tout le monde connaît sans doute la première approche freudienne du narcissisme : le repli sur le sujet d'un investissement sexuel « libidinal » orienté normalement vers l'objet. En vertu de quoi un sujet narcissique est un sujet amoureux de soi, comme l'était de son image le Narcisse du mythe grec. Repli de libido de l'objet dans le sujet, ainsi a commencé à se penser le narcissisme, tel un « destin » du sexuel.

S'est posée alors la question de savoir ce qu'il pouvait y avoir de corporel dans une « pulsion narcissique ». Strictement rien, naturellement, un ego irrité n'étant visiblement pas une peau froissée ! Freud, conscient de ce poil à gratter théorique, a essayé ensuite de ranger le narcissisme dans les « pulsions du moi ». Mais une « pulsion du moi » mérite-t-elle encore l'appellation de pulsion ? Où est passée son « érogénéité » ? La controverse fait toujours rage de nos jours, chez les exégètes purs et durs du freudisme, qui s'accrochent à la première théorie freudienne de la sexualité. Et à ses impasses ! Elle fera à mon avis éternellement rage tant que l'on persistera à voir du *sexuel érogène* dans le plaisir narcissique.

Le bonheur d'être un tel ou une telle, d'avoir telle ou telle qualité, d'avoir tel ou tel mérite, est pourtant manifestement d'un autre ordre que corporel, « érogène » ! Il serait temps d'en convenir au lieu de forcer le réel à confirmer la première théorie freudienne de la sexualité à coup de *mutations sublimatoires*, au lieu de s'obstiner à inclure l'ensemble de tous nos plaisirs dans l'ensemble du sexuel ! Cette évolution conceptuelle n'a pourtant rien d'insurmontable, d'autant plus que c'est Freud lui-même qui a renoncé à son pan-sexualisme initial dans sa « deuxième théorie des instincts ».

Il existe bien un plaisir non lié aux orifices naturels du corps, un plaisir lié à une *appréciation de valeur* : le plaisir narcissique.

Ce n'est pas un hasard si les théoriciens anglo-saxons l'ont compris plus vite que les continentaux, car ils disposent dans leur langue de la possibilité de distinguer « to like » et « to love ». Ce qui est loin d'être le cas de la langue française où avec le même terme « aimer », l'on peut exprimer son attirance pour la choucroute ou pour une œuvre d'art ou pour un être cher.

Chacun, au demeurant, peut vérifier subjectivement qu'une satisfaction narcissique s'appréhende toujours comme étant liée à une appréciation de valeur, chacun peut vérifier qu'il parle de valeur, quand il déclare s'aimer soi-même, et qu'il n'opère pas nécessairement, ce faisant, un retour libidinal sur lui-même !

Un tel repli libidinal *existe* cependant indéniablement, mais l'erreur serait de continuer de voir en celui-ci la définition même du narcissisme. Alors qu'avec ce repli on parle en réalité tout au plus d'une *pathologie de l'objectalité* : le « narcissisme secondaire ». Secondaire ou chronologiquement *second* ?

Le narcissisme n'a pas eu dans la pensée de Freud de vraie légitimité, même si paradoxalement on le trouve au fondement même de la notion de pulsion, le sujet étant grâce à cette dernière supposé aller toujours vers l'autre, vers l'objet, pour refaire sa propre unité interne perdue. Le narcissisme est défini par Freud soit comme un repli de l'objectalité, le « narcissisme secondaire », soit comme un état pré-objectal d'indifférenciation, le « narcissisme primaire », bref comme si la relation « objectale » à l'objet était pour lui le point zéro de la psychogenèse. Est dit « narcissique primaire » le sujet qui n'accède pas à cette forme altruiste de relation à l'autre, est dit « narcissique secondaire », celui qui y a accédé mais s'y est brûlé les ailes et préfère retourner dans le confort douillet d'un repli de l'amour sur soi. Toujours défini négativement en fonction de l'objectalité, le narcissisme, selon Freud, est au fond, soit une anticipation, soit un échec de l'objectalité ; il n'est jamais « fondamental ». Même « primaire », il est secondaire ! Ou bien quand il acquiert quelque dignité, à la sortie de l'œdipe, il n'en reste pas moins une réalité seconde ! Seconde chronologiquement, puisqu'il n'advient qu'en un second temps dans la psychogenèse, avec l'« identification secondaire ».

Il a fallu un certain temps avant que le narcissisme n'acquière dans la théorie psychanalytique un statut égal celui du sexuel, avant qu'il n'ait droit à une définition positive. L'évolution s'est produite en dépit de quelques bastions de résistance s'arc-boutant sur la lettre des premiers textes freudiens, mais la psychanalyse a fini par sortir progressivement de ce « tout-sexuel » du premier freudisme, pour admettre la *coexistence constante*, dès les origines, d'un double investissement de l'objet : objectal et narcissique.

Ce n'est manifestement pas à Lacan que l'on doit cette avancée, bien au contraire, lui qui a réduit l'objectalité à une pure « énamoration narcissique ». Passer ainsi du pansexualisme de la toute première théorie freudienne des pulsions pour au final en arriver au « tout-narcissisme » lacanien, avait-on gagné au change ? Reconnaissons que c'est le développement logique du concept freudien de « pulsion » qui a conduit Lacan à ce « tout-narcissisme ». Si en effet le sujet est mû par l'objectif unique de « réduire ses tensions internes », sens exact du concept de « pulsion, cela veut bien dire *qu'il ne se lie à l'autre que pour se lier lui-même* ! C'est en effet ce que l'on est obligé de conclure, à partir du moment où l'on suit strictement la définition freudienne de la pulsion. Mais, heureusement, l'idée que le sujet pourrait bien se lier à l'objet pour réaliser autre chose que sa propre unité a tout de même fait son chemin. Je pense, entre autres, à l'« antinarcissisme » de Pasche. À côté, en plus de cette recherche de liaison de soi, le sujet serait mû par un autre besoin, celui de produire *une liaison de l'autre*. Il existerait une poussée qui rendrait le sujet capable d'investir l'objet sans aucune recherche de sa propre unité. Pure et gratuite liaison de l'objet s'y ferait le sujet. Un enfant se noie, une femme passant par là rencontre son destin. Elle se jette à l'eau sans réfléchir. Elle ne sait pas nager, elle se noie. « Si cette femme ne s'était pas jetée à l'eau, elle ne se serait pas supportée de n'avoir pas cherché à secourir l'enfant en perdition. Au fond, elle est morte pour conserver son amour de soi », se rassure le psychanalyste lacanien, qui, du pont, a observé la scène. « Énamoration narcissique », cette pulsion irréfléchie de la jeune femme qui l'a poussée sans hésiter à sacrifier sa vie ? Qui peut accepter pareille explication ? Il y a des théorisations qui ne résistent pas une seule seconde à l'épreuve du réel. Ce besoin de lier l'autre rien que pour lui-même, qu'on le nomme altruisme, désintéressement, oblativité, objectalité, ou tout simplement amour, il serait insensé d'en nier l'existence.

Et pourtant, un narcissisme foncier gît bien au cœur du concept freudien de la pulsion, Lacan a raison. La notion freudienne de pulsion parle incontestablement d'une instrumentalisation de l'autre.

Il suffit pour sortir de cette impasse théorique de postuler un double investissement fondamental de l'objet. On parlera d'« objectalité » quand l'unité à accomplir concernera l'objet, de « narcissisme » quand l'unité visée concernera le sujet.

Inutile de continuer de nommer comme Pasche « anti-narcissisme » cet altruisme foncier. Ce serait encore rester dans une détermination négative de cette tendance foncière à la liaison de l'autre.

De fait coexiste constamment, dès les origines, un double investissement d'une *même énergie de liaison* (l'« Éros » de la seconde théorie des instincts). Seul *son lieu de destination* varie. Une liaison *à* l'autre peut donc aussi bien être une liaison *de l'autre* qu'une liaison *de soi*. Ainsi le narcissisme, à redevenir *fondamental*, regagne-t-il ses lettres de noblesse.

Pour autant, la plupart des psychanalystes continentaux, quand ils évoquent aujourd'hui le narcissisme, continuent de le définir par cette recherche de *liaison de soi*, tandis que les anglo-saxons le définissent plutôt comme la recherche d'une *valeur de soi*. S'ensuit un certain nombre de malentendus et d'incompréhensions.

Mais, au fond, ces deux notions, valeur de soi et liaison de soi, sont-elles vraiment si étrangères l'une à l'autre ?

En fait, c'est une liaison de soi non encore advenue objectivement qui s'éprouve subjectivement comme valeur. Ce qui *vaut* pour un sujet est ce qui *va le lier*. Ce vers quoi tend le sujet est son unité *à venir*. Un « idéal du moi » à atteindre, en langage psychanalytique. Autrement dit, le besoin de valeur mis en exergue par les anglo-saxons n'est autre que *l'éprouvé* du besoin de liaison, et la valeur, la face subjective, vécue, du besoin de liaison de soi. Chaque fois qu'un individu se sent de la valeur, il s'apprécie certes, mais aussi il vient de réussir à se lier.

Se redéfinit du coup le plaisir narcissique, tel dans sa face objective, le *plaisir d'une liaison de soi*, dans sa face subjective *le plaisir de se sentir une valeur*. A contrario, la souffrance narcissique proviendra dans sa dimension objective d'une déliaison de soi, dans sa dimension subjective d'une perte de valeur de soi[1].

3) Perte d'intégrité et perte d'intégration

On se sent sans valeur quand on sent que l'on a manqué aux valeurs essentielles de son groupe d'appartenance.

En réalité, la perte d'appartenance à un ensemble est la face cachée de ce sentiment de perte de valeur de soi.

Rarissimes sont les cultures qui n'ont pas primitivement choisi comme sanction sociale du manquement à ses valeurs la perte physique d'un membre, à savoir : une perte *d'intégrité physique*. Pour preuve, le refoulement a commencé par être conçu par Freud comme une fuite de la représentation d'un châtiment social : la castration. Clairement une fuite de la représentation d'une perte d'intégrité physique, par conséquent.

Si l'on examine de plus près la fonction des sanctions sociales par démembrement, on s'aperçoit que le plus souvent la perte du membre n'est en réalité que le prix à payer par le fautif pour rester membre du groupe. Lorsque par contre le verdict s'élabore d'une impossibilité totale de réintégration sociale, se prononce alors la sanction de son démembrement total, mortel, sous quelque forme que ce soit décapitation, écartèlement, ou autres réjouissances. Une façon radicale pour le groupe de se défaire d'un de ses membres.

La perte d'intégrité physique fonctionne primitivement comme un moyen de réintégration dans l'ensemble d'appartenance, de retrouver une intégration sociale perdue du fait du manquement aux valeurs.

1. Le lecteur pourra lire, s'il le désire, en Annexe 1, combien narcissisme et identification secondaire sont deux notions interdépendantes, ainsi qu'a pu l'établir Piera Aulagnier, à travers son concept de « contrat narcissique ».

De sorte qu'il est permis de se demander quelle est au fond l'angoisse la plus terrifiante pour l'individu transgressif. Celle de perdre une intégrité physique ou celle de perdre une intégration ? Celle de perdre un membre, on sait lequel, ou celle de n'être plus membre d'un ensemble ? La réponse pour moi est claire : c'est la perte d'intégration. L'angoisse de dés-appartenance, ou angoisse « catastrophique »[1] est probablement la plus profonde de nos angoisses archaïques. Mais la perte d'intégration ne se vit pas comme telle par le sujet. N'apparaît à sa conscience que le sentiment de sa non-valeur, autrement dit le sentiment d'une *perte d'intégrité narcissique*, on l'a vu produits par le fait d'avoir manqué aux valeurs du groupe.

Ce qui a fait dire à Deleuze et Guattari dans leur célèbre *Antiœdipe* que l'auto-culpabilisation surmoïque du sujet était sans nul doute le plus sûr moyen pour un groupe social donné de préserver son unité interne. Ils ont parfaitement raison, la perte d'intégrité narcissique vécue par l'élément est le plus formidable levier du maintien de l'intégration de l'ensemble, la valeur de soi étant intimement liée au manquement des valeurs de l'ensemble, la perte d'intégrité narcissique n'étant que la face vécue d'une perte d'intégration. Si un individu autocensure inconsciemment la représentation de son désir de poser un acte socialement réprouvé, de façon à conserver son estime de soi, cela veut bien dire que le narcissisme de l'individu est le moteur le plus puissant de la répression sociale de la transgression. Ce que ces auteurs ont analysé des liens du capitalisme et de la psychanalyse est

1. Angoisse dite « catastrophique » (J. Robion, Essais de neuropsychanalyse), parce qu'invisible en temps normal elle se révèle lors des catastrophes naturelles qui laissent l'individu absolument seul, sans le moindre lien avec d'autres membres de son espèce. Comme se révèle l'air que nous respirons quand il vient à nous manquer, le besoin d'intégration à un ensemble nous apparaît quand l'appartenance vient à nous manquer.

toujours d'actualité. Je crois seulement qu'il est possible de généraliser leur propos à d'autres systèmes sociaux, pour affirmer que tout surmoi est l'allié objectif du groupe social qui lui a donné naissance, quel que soit ce groupe social et surtout que c'est par *la médiation du narcissisme* de ses éléments qu'un ensemble social maintient son unité.

Un évitement de symbolisation prend donc sa source dans un évitement de souffrance narcissique, et plus fondamentalement encore, dans un *évitement de déliaison.*

On ne refoule pas seulement pour garder son estime de soi, on refoule pour rester intégré.

Et au delà-encore de cette déliaison de soi, à son fondement premier même, sommeille le risque de la perte d'intégration au groupe. On refoule pour conserver une appartenance. Une symbolisation qui s'évite, c'est une appartenance qui se conserve.

IV

Le processus de symbolisation

Jusqu'ici, au cours de cette réflexion, j'ai usé du concept de symbolisation, en le confrontant à celui de la mentalisation, comme s'il allait de soi, sans trop vraiment le définir. Le moment est sans doute venu de le cerner un peu plus précisément, d'autant que ce moment du processus informatif global, la symbolisation, est celui sur lequel s'est davantage penchée la psychanalyse.

Pour ce faire, je reprendrai les éléments d'un ancien texte «*Pour une psychanalyse dialectique*» qui me semblent pouvoir encore être conservés aujourd'hui.

Le processus de symbolisation est un *processus de différenciation et de synthèse.*

A) La différenciation

Symboliser, c'est-à-dire s'informer par conscientisation sur une réalité interne ou externe, comme dans la mentalisation, mais cette foi-ci à travers un système de signes, un code symbolique, un langage, c'est identifier. Or, identifier quelque chose implique forcément d'établir une différence, là où l'instant d'avant celle-ci n'existait pas encore. Si A est A, c'est qu'il n'est pas ou plus non-A.

Si donc *identifier implique de différencier*, cela veut dire qu'un *état psychique de non différenciation* précède nécessairement l'acte identificatoire, que le sujet sépare mentalement quelque chose qui *pour lui* ne l'était pas l'instant d'avant. On ne saurait différencier qu'un indifférencié. Rendons à Wallon ce qui appartient à Wallon. C'est bien lui qui le premier, à ma connaissance, a attiré notre attention sur ce concept fondamental de l'indifférenciation. Cet état premier d'indistinction symbolique, Wallon, on le sait, l'a nommé « syncrétisme ». Dans le « syncrétisme », le sujet commence par ne pas se percevoir immédiatement comme un corps, puis comme un corps ayant son propre désir, puis comme un corps désirant sexuellement, comme un corps désirant sexuellement un autre corps que le sien, etc.

Ainsi, le sexuel commence-t-il pour le sujet par ne pas se distinguer du non sexuel, le masculin du féminin, la haine de l'amour, l'agression du meurtre, etc. Un sujet symbolisant crée une dualité là où elle n'existait pas pour lui auparavant. Il aimait et haïssait à la fois, haïssait et tuait à la fois, aimait et désirait sexuellement à la fois, le tout sans le savoir.

1) Les étapes de la différenciation

L'auto-organisation au moment du traitement par symbolisation part donc toujours du « syncrétisme » pour arriver à l'*altérité*, dernière étape du processus symbolique, celle ou une différence qualitative nouvellement créée est *attribuée* à l'objet. Mais il en existe une intermédiaire, moins visible : l'étape de *l'unisson*. Ainsi l'enfant qui découvre la différence des sexes, du féminin et du masculin, s'interroge-t-il sur la *répartition* de cette différence. « Ton sexe est-il le mien ? » S, le sujet, est-il A ou non A ? O, l'objet, est-il ou n'est-il pas comme S ? Et il y répond par un *décret d'unisson*. L'état imaginaire d'unisson décrète une *dualité du même*. Dans l'état « syncrétique » initial, le sujet ne connaît pas encore la catégorie du « même », puisqu'il n'a pas encore constitué la moindre dualité (masculin-féminin par exemple). Dans l'état imaginaire d'unisson, sujet et objet ont pour le sujet *le même* corps, le *même* désir, la *même* génération, les *mêmes* valeurs, le *même* moyen de subsistance, etc. « On *a* le même corps, le même désir », voilà ce qu'affirme le sujet de l'unisson. « On *est* un seul corps, on *est* un seul désir », voilà ce que le sujet syncrétique *vit*, sans pouvoir l'énoncer bien évidemment, puisqu'il n'a pas encore établi la moindre symbolisation. Prenons par exemple la phase œdipienne bien connue. Qu'est-ce au départ, pour le sujet, qu'un investissement œdipien ? Un *amalgame syncrétique* où se confondent encore amour et désir sexuel, tendresse filiale et sexualité, dans notre regard d'observateur extérieur. Mais à ce temps syncrétique, l'enfant ne conscientise pas la moindre existence de la dualité amour filial-amour sexuel. Il investit spontanément l'objet parental d'un amalgame où se mélange tout, tendresse et séduction sexuelle[1]. Se lançant dans le langage, il constitue ensuite cette dualité symbolique, là où il n'y avait pour lui auparavant qu'un investissement mélangé, indiscriminé. Il continue cependant en un premier temps d'investir l'objet parental de sa toute neuve dualité désirante, tant il a encore peur d'en être abandonné. Il veut aimer et désirer sexuellement à la fois le même objet. Le porteur de l'injonction tertiaire (sociale) se fait alors plus insistant et lui intime l'ordre de *déplacer son investissement sexuel*. L'enfant résiste encore un temps précisément parce qu'il croit que *l'objet a le même désir que lui*, parce qu'il est encore dans la *phase*

1. À la fin de la « période dépressive » où il a acquis douloureusement la certitude de l'autonomie désirante de l'objet, l'enfant découvre la différence des sexes. Il s'imagine alors que séduire sexuellement l'objet sera un bon moyen de le conserver, de n'en être pas abandonné. Le désir œdipien qui heurte tant certaines sensibilités n'est qu'un nouveau moyen retenu par l'enfant pour n'être pas abandonné de l'objet vital, de cet objet, qui d'être libre, peut à tout moment le laisser seul.

d'unisson. Il s'imagine qu'il est lui-même l'objet du désir sexuel de l'objet parental, parce que celui-ci est l'objet de son propre désir ! La phase de *l'unisson œdipienne* correspond au moment où l'enfant croit que le parent est excité sexuellement par lui, tout comme lui-même l'est par le parent. Quand il comprend que l'objet parental aimé et maintenant *consciemment* séduit sexuellement[1] n'est pas à l'unisson de son désir, qu'il désire même un autre sujet que lui, doté manifestement d'attributs dont il ne dispose pas, avec lesquels il ne peut rivaliser, il sort cet objet de l'unisson où il l'avait installé *imaginairement.*

La perception de l'acceptation par son parent de l'interdit de l'inceste l'aide à sortir de l'unisson. Il déplace sa libido. Au passage, il s'est découvert inachevé, il se lance dans la construction de soi qu'est l'« identification secondaire ».

À l'œdipe, donc, comme à *toutes les autres étapes du processus de différenciation*, passées ou à venir, le sujet doit passer par les trois phases du processus : désyncrétisation, unisson, altérisation.

2) L'injonction tertiaire de différenciation et la « ternarité »

Le travail psychique de différenciation est en fait *requis* par le système social d'appartenance.

Si l'élément d'un système persiste en effet à rester dans son syncrétisme premier, ou dans son unisson seconde, son système d'appartenance risque de mourir, car un système vivant ne survit que dans la mesure où ses éléments *entrent en différence et complémentarité.* C'est pourquoi tout système

1. La séduction sexuelle est à entendre bien entendu au sens large du terme, comme une nouvelle façon pour l'enfant de partager des plaisirs physiques avec l'objet parental. Pourquoi ce nouveau moyen de contact, de toucher, serait-il interdit alors que les autres précédents ne l'étaient pas ? C'est précisément ce travail de compréhension, de discrimination qu'il doit accomplir.

pousse toujours son élément à un travail psychique constant de différenciation, d'être tenu lui-même de se lier et se conserver.

La conservation d'un système passe par le travail psychique de différenciation de son élément.

« Quitte cette façon d'aimer ton parent et trouve ailleurs qu'avec ton parent, dans ta famille la satisfaction de ta sexualité » Il est ordonné à l'enfant d'accomplir cette nouvelle différenciation symbolique, de modifier la façon spontanée syncrétique qu'il avait d'investir l'objet maternel ou paternel. Autre et différencié devra désormais être son investissement de l'objet parental.

L'injonction sociale de différenciation peut être qualifiée de *tertiaire*, dans la mesure où l'ensemble d'où elle émane est tout simplement rencontré en un *troisième* temps par l'enfant, après ses rencontres de l'ensemble maternel *primaire*, et paternel *secondaire*. Simple commodité, tout à fait arbitraire, de langage.

Mais ce n'est pas parce que le sujet ne conscientise pas immédiatement la présence de l'ensemble tertiaire par le discours de l'un de ses « représentants » (Piera Aulagnier), que cet ensemble n'intervient pas concrètement et invisiblement dans son existence, sous la forme de la « ternarité ».

Ce concept créé par les théoriciens post-lacaniens, François Perrier entre autres, est infiniment précieux cliniquement. Il désigne l'adhésion psychique du parent aux lois et interdits de l'ensemble tertiaire. La reconnaissance de ces lois par le parent, c'est la ternarité.

Grâce à ce concept, les théoriciens post-lacaniens se sont habilement dégagés du phallocentrisme inhérent au concept lacanien du « nom du père », tout en en sauvegardant le sens profond : l'introduction des lois de l'ensemble social d'appartenance dans la dyade enfant-parent.

La « ternarité » est donc de fait normalement présente à toutes les étapes du processus de différenciation, et pas seulement à la phase œdipienne. Ainsi à la période « schizo-paranoïde », où l'enfant doit opérer la discrimination symbolique de l'agression et du meurtre, joue-t-elle un rôle très important. L'angoisse de tuer l'autre ou d'en être tué, nommée par Mélanie Klein « angoisse d'anéantissement », disparaît dès que l'enfant est parvenu à dissocier mentalement, symboliquement, l'agression du meurtre. Mais il ne peut le faire que s'il rencontre ladite « ternarité ». Même chose au niveau de la différenciation des peaux : quitter le plaisir d'une fusion où les corps n'ont pas de frontière, reconnaître que le corps de l'autre ne fait pas partie de soi, en un mot renoncer aux plaisirs de l'« indifférenciation des êtres », disait Racamier, le sujet ne peut y consentir qu'à condition de percevoir dans l'objet maternel une adhésion à l'obligation tertiaire de différenciation, en un mot une « ternarité ». Sans ternarité, la phase d'indifférenciation ou d'unisson persiste.

C'est donc au final la présence d'une « ternarité » qui à toutes les étapes du processus de symbolisation permet au sujet de sortir de son état primaire d'indifférenciation.

3) L'état primaire d'indifférenciation

Freud a explicitement recouru, on le sait, à ce concept d'indifférenciation, quand il a conçu le « narcissisme primaire ». On sait que ce dernier terme a été par la suite fortement contesté, par Laplanche et Pontalis notamment, lesquels ont fait remarquer qu'à qualifier ainsi de *narcissisme* cet état premier, on y perdait la notion « de relation spéculaire de soi à soi » inhérente au narcissisme.

Puis on le voit réapparaître ensuite, ce concept d'indifférenciation, sous la plume de Mélanie Klein, dans ce qu'elle a nommé « l'envie naturelle ».

> Le sujet, dit-elle, peut nourrir une haine d'un « bon objet » externe, être haineux à partir d'une *bonne expérience*, parce qu'il est « naturellement envieux ». Autrement dit, le sein aura beau être réellement satisfaisant, il sera quand même agressé, parce qu'envié, à un moment donné du développement normal du sujet. Dans l'« envie naturelle », l'enfant, écrit-elle, « souhaite être plutôt qu'avoir le sein ». En d'autres termes, l'altérité de la source de la gratification orale commence par ne pas être admise par le bébé, et le sein qui se dérobe déclenche alors chez lui une rage destructrice tendant à faire disparaître le propriétaire avec sa propriété. La fin de cette phase envieuse se perçoit à la présence chez l'enfant « d'une capacité de jouir du sein maternel sans envier démesurément la mère d'en être la détentrice » (*Envie et gratitude*). La phase envieuse du développement fait alors place à l'acceptation de *l'altérité de la qualité* aimée.

L'« envie naturelle » est donc un moment nécessaire du développement du sujet où l'enfant, n'acceptant pas encore *l'altérisation d'une qualité* qu'il pensait être à soi et en soi, fait preuve en réaction d'une destructivité envers l'objet propriétaire de ladite qualité. S'y affirme clairement l'existence d'un état psychique premier imaginaire d'indifférenciation en rien généré par le comportement réel de l'objet, et dont le sujet se doit de sortir. De quelle indifférenciation symbolique parle-t-elle en vérité ? De l'indifférenciation des désirs du sujet et de l'objet. L'enfant doit apprendre à différencier les désirs de l'objet des siens, admettre *l'altérité du désir de l'objet*, juste après avoir appris à admettre l'altérité de son corps.

> Il est hors de question pour le bébé, au stade « schizo-paranoïde », selon Mélanie Klein, que l'objet maternel puisse disposer, comme lui-même, d'une *liberté désirante*. Dans la phase suivante dite « position dépressive », le sujet, qui a reconnu dans l'objet la présence ce cette liberté désirante, sait que ce dernier peut à tout moment l'abandonner, d'avoir été trop agressé par lui, parce que cet objet a simplement voulu exercer, trop à son goût, sa liberté désirante. Alors, il le « répare », si d'aventure il sent qu'il l'a un peu trop malmené,

ou bien il retourne contre soi l'agression. Sentant l'objet « endommagé » par sa rage destructrice, il « tend à le préserver, à annuler sa destruction, à le faire revivre, en un mot à le réparer », sous l'effet de puissantes angoisses d'abandon, écrit Mélanie Klein (ibidem).

Avec l'acceptation de l'autonomie désirante de l'objet, qui s'effectue à la sortie de la « position dépressive », l'agression de l'objet insolemment indépendant s'atténue, et avec elle, les angoisses d'abandon. Une nouvelle étape du processus de différenciation se franchit. Il en reste d'autres.

4) Les différentes différenciations psychogénétiques

L'œdipe, bien évidemment, où se constitue la différence des générations. Viennent ensuite les différenciations axiologique et économique. Lorsqu'un adolescent tend à renier les valeurs de ses parents, il obéit en fait secrètement à une injonction sociale de différenciation, tout comme si son groupe social d'appartenance tendait, à travers cette révolte, à se protéger d'un clonage mortifère, idéologique, axiologique en l'occurrence, et à préserver ainsi ses capacités de régénération.

Une autre injonction de différenciation : la différenciation économique :

« Il est temps que tu gagnes ta vie. » On en a vu récemment une amusante expression avec le « syndrome Tanguy ». Toute société qui exige de ses membres devenus adultes une autonomie de subsistance, énonce de fait un interdit d'indifférenciation économique.

De sorte qu'il est légitime de se demander si un *tabou du clonage* ne gît pas au cœur de l'universelle injonction sociale de différenciation. Ce tabou du clonage pourrait bien être le tabou ultime de tout système vivant, au-delà même du tabou de la différence des êtres ou de celui de l'inceste.

5) Le désir d'indifférenciation

Différenciation des corps, des désirs, des générations, des valeurs, des moyens de subsistance, autant de symbolisations que le sujet se doit de réaliser, s'il veut rester membre de son groupe d'appartenance, et qui en un premier temps viennent profondément le déranger, lui qui baigne dans les délices du syncrétisme.

Face à l'injonction de changement, le sujet commence spontanément par vouloir *conserver son plaisir syncrétique.* Pas question de perdre ce mode de plaisir pris avec l'objet, lié à l'indifférenciation des peaux, des sexes, des désirs, des générations, des valeurs, des moyens de subsistance. Rester dans les délices *connus* de l'indifférenciation est *une étape naturelle* et incontournable du développement psychique. Cliniquement, cela peut se vérifier constamment. Sans chercher des complications théoriques inutiles, le plus simple est de penser qu'il commence par résister à mettre en route ce qui va *le priver d'un plaisir connu.* Ainsi naît chez lui un *désir d'indifférenciation.*

Dans le développement normal, l'enfant parvient sans peine à dépasser ce désir, sous la pression de l'ensemble social : « Tu ne peux plus continuer de prendre ton plaisir avec cet objet comme avant, comme s'il était de la même génération que toi, du même clan que toi, du même corps que toi, du même sexe que toi... » L'enfant s'imaginait faire corps avec sa mère, il pensait avoir les deux sexes, il croyait pouvoir à la fois aimer et désirer sexuellement sa mère ou son père, il croyait pouvoir vivre éternellement avec « l'argent de papa ou de maman ». Il faut que cela cesse ! Et il obtempère normalement, parce que *d'autres plaisirs de remplacement* l'attendent, en compensation. Pourquoi en effet penser que l'enfant vit le changement requis comme une perte et non comme un gain ? Sa tendance à l'expansion l'emporte rapidement sur ce tout premier sentiment de perte. Il oublie vite son désir d'indifférenciation.

6) La fixation du désir d'indifférenciation

Pourquoi alors certains sujets ne dépassent-il pas leur peur de perdre un plaisir connu, autrement dit ne quittent-ils pas leur désir d'indifférenciation ?

La théorie de l'attachement (Bowlby) propose une réponse intéressante :

> Pour se détacher du « port d'attache », pour pouvoir *aller vers l'inconnu*, il faut se sentir en sécurité, sentir qu'on peut à tout moment *revenir vers le connu*. C'est cette possibilité du retour vers le havre protecteur qui permet l'exploration, la découverte de l'inconnu. D'oublier notamment les délices du syncrétisme.

La réponse de Bowlby est juste et de fait dans la pure continuité de la pensée de Mélanie Klein et Winnicott. N'affirmaient-ils pas qu'il faut une « bonne expérience » avec un « bon objet » pour dépasser certaines phases du développement psychogénétique ? Pour oser quitter les plaisirs du syncrétisme, il faut en effet n'avoir pas peur de l'inconnu.

Bien plus pertinente cliniquement me semble donc cette réponse de Bowlby, que celle invoquée par les *métaphysiciens de la perte*, pour qui le sujet resterait fixé à ses plaisirs syncrétiques, parce qu'il ne supporterait pas l'épreuve du « manque fondamental ». Refuser de manquer d'un plaisir connu parce qu'on n'accepterait pas le « Manque fondamental » ? N'est-ce pas là plutôt un véritable manque de réponse !

Très intéressante est également la réponse de Racamier :

> « Le conflit des origines », écrit-il, met en jeu les tendances naturelles du sujet à la croissance et ses tendances contraires à

rester uni à l'objet primaire. Tout sujet doit ainsi à l'aube de sa vie réaliser un « deuil originaire », c'est-à-dire se résoudre à quitter le paradis de l'indifférenciation première des corps « et ainsi se tourner vers l'individualisation qui lui est promise ». Lorsque par contre l'enfant rencontre une mère qui dans le même temps vit le même plaisir d'indifférenciation – une mère dans la « séduction narcissique » –, il répugne et résiste à quitter ce paradis premier. Il faut être et rester un, murmurent alors en chœur mère et enfant, unis dans la transgression commune du « tabou de l'indifférenciation des êtres » (ibidem). Le « conflit des origines » dans le développement normal ne pose pas longtemps problème au bébé, explique Racamier. Sa faim du monde l'emportant vite sur la douleur de la fin des plaisirs de l'« indifférenciation des êtres », le bébé, « poussé par la croissance », part à la découverte du monde. Sauf, s'il a le malheur de vivre aux côtés d'une mère « séductrice narcissique », bien entendu.

Pour parvenir à faire passer ces idées, assez proches de celles de Bowlby en ce qu'elles situent dans un comportement réel de la mère l'origine du trouble, on le voit, il a fallu que Racamier nomme « antœdipe » ce « conflit des origines », un conflit n'ayant pourtant rien à voir avec l'œdipe ! Il a fallu également qu'il retire au surmoi lié au tabou de l'« indifférenciation des êtres » son statut de surmoi plein et entier ! L'orthodoxie réclamait qu'un surmoi ne puisse être que « post-œdipien », Racamier s'est incliné. « Un Œdipe ne suffit pas dans la vie » a-t-il cependant protesté, fatigué sans doute de voir son audace créatrice étouffée par le dogme, désireux manifestement de s'affranchir d'une mère institutionnelle freudienne abusive et étouffante. Quand il écrit : « Il y a pire que l'horreur de la castration : l'horreur de la distinction et de la différence des êtres », c'est pourtant clair, comment n'y pas voir son désir d'élever le « tabou de l'indifférenciation des êtres » au même rang et statut que l'interdit de l'inceste ? Se déprendre de l'orthodoxie œdipocentriste n'a rien d'évident ! On y perd parfois sa propre respiration !

Fort heureusement ses intuitions géniales ont fini par triompher des étouffements dogmatistes et corporatistes.

7) L'interdit primaire de différenciation

Quand Racamier affirme qu'un désir d'indifférenciation – en l'espèce limité à la – se fixe parce qu'il entre en résonance avec une « séduction narcissique », maternelle je dirais pour ma part qu'il se fixe parce qu'il rencontre un *interdit parental de différenciation*.

Je pense aussi pour ma part, reprenant les intuitions de Mélanie Klein et Racamier, que l'enfant construit un surmoi primaire, fait de l'intériorisation d'un interdit primaire, en l'occurrence de différenciation. Secrètement une différenciation symbolique donnée n'est pas souhaitée par le parent.

Mais, première différence avec la conception de Racamier, *toutes* les phases de la différenciation symbolique peuvent être concernées par le phénomène, et pas seulement la « différenciation des êtres ». Secundo, n'existe pas nécessairement dans le réel un tel interdit parental, fût-il à l'état de non-dit. Le cas se présente cependant parfois, d'un parent s'opposant franchement au travail de différenciation symbolique dans lequel l'enfant se lance spontanément, lui interdisant par exemple quasi explicitement une différenciation sexuelle. Mais la plupart du temps cet interdit est une construction imaginaire de l'enfant. Une autocensure sans censure réelle externe, ce qui ne lui enlève rien de sa redoutable efficacité. L'enfant sent qu'il n'a pas intérêt de continuer dans la voie dans laquelle il s'engageait spontanément. Il s'apprêtait à renoncer à un certain plaisir d'indifférenciation, à son désir d'indifférenciation par conséquent, il perçoit sans pouvoir se l'expliquer que cela ne fait pas vraiment plaisir à son parent.

L'interdit de différenciation symbolique, qui va se figer en un surmoi primaire, n'est donc, selon moi, *ni réel, ni limité* à la phase de la séparation des corps, comme l'a affirmé Racamier. La variable environnementale, parentale, présupposée par Bowlby ou Racamier, et avant eux Winnicott, et même Mélanie Klein, continue cependant d'être présente dans l'explication que je propose, puisque la construction de l'autocensure par l'enfant s'appuie bien sur une perception d'un déplaisir parental, mais ce déplaisir n'est pas forcément lié à la différenciation en passe de s'établir. C'est une erreur de croire que la problématique du parent est rigoureusement la même que celle de l'enfant, par exemple que la mère ne souhaiterait pas, inconsciemment bien sûr, une différenciation des peaux (ou d'autres). Ainsi la mère du futur schizophrène s'activerait-elle, selon Racamier, pour que n'advienne pas chez son enfant une différenciation moi-non-moi par elle redoutée. Ce qui laisse clairement entendre que cette différenciation est *aussi* son problème ! D'où ses tentatives de « séduction narcissique ». De fait le modèle proposé par Racamier est celui d'une *unisson réelle* mère enfant, tous deux partageant la même problématique, alors que selon moi, l'unisson reste la plupart du temps une *production imaginaire* de l'enfant, qui croit son parent identique à lui-même. Quand il construit son autocensure surmoïque, sur la base d'un déplaisir parental perçu (mais lequel ?), l'enfant croit à la préexistence chez ce dernier de l'interdit en question. « Ma mère ne veut pas que je devienne un petit garçon. » Il se fait petite fille. Supposer là d'une « séduction narcissique » maternelle, c'est encore prêter à la mère ce qui appartient à l'enfant, prendre pour réelle une unisson imaginaire.

Au final, la conséquence reste malgré tout la même : un désir d'indifférenciation voué normalement à disparaître s'enkyste sous l'effet d'une *censure surmoïque de différenciation*.

8) La constitution du surmoi primaire

Quel peut donc être ce déplaisir perçu par l'enfant chez son parent, qui lui fait penser que son parent, décidément, visiblement, ne veut pas qu'il opère une certaine discrimination symbolique ? Celui d'avoir à réintérioriser un contenu refoulé par le biais d'une *assignation projective*[1].

Une assignation projective est le comportement inconscient d'un sujet immobilisant un autre sujet dans un rôle dont il ne doit pas sortir, cette immobilisation contraignante servant au sujet immobilisant à refouler un contenu insupportable qu'il ne pourrait pas refouler autrement, sans le secours de l'immobilisé. L'assignant développe tout un ensemble de comportements, emprise, exclusivité relationnelle, censure de la pensée du négatif, tous destinés à empêcher l'assigné de se différencier de l'objet d'assignation, c'est-à-dire de sortir de l'assignation. D'après mon expérience, l'assignation projective joue un rôle considérable dans les blocages du processus de symbolisation, notamment au moment de la phase cruciale de la différenciation symbolique.

Que l'enfant procède à une différenciation psychogénétique donnée (je suis né, j'ai le droit d'avoir un autre désir que le tien, je suis une fille, j'aime aussi mon papa, etc.), et il sort de facto d'une assignation secrète, et le parent va devoir récupérer son refoulé. C'est à cette sortie d'assignation que *s'oppose réellement* le parent, pas à la différenciation psychogénétique afférente ! Quand Piera Aulagnier (dans *La Violence de l'interprétation*), parle de la « contribution de l'enfant au refoulement de la mère », elle évoque clairement ce phénomène de l'assignation projective. Laisser par exemple son enfant parler librement sur les conditions de sa nais-

1. Le lecteur trouvera en Annexe 2 une description plus précise de ce mécanisme défensif.

sance, pour une mère qui l'a conçu dans un fantasme incestueux, n'est pas soutenable ; elle interdit donc réellement cette approche, et l'enfant peut ensuite éventuellement l'interpréter comme un interdit réel d'existence, d'inscription dans le « système de parenté » : « Je ne suis pas né ». L'enfant assigné a assimilé imaginairement l'interdit parental *réel* de penser la naissance à un interdit réel de différenciation psychogénétique. Il comprend qu'il vaut mieux éviter d'interroger sa mère sur ce sujet. Il intériorise le fait qu'il est vraiment un mauvais sujet à oser poser pareilles questions sur ses origines, par exemple sur cette sœur aînée, morte peu avant sa naissance et dont il ne faut jamais parler. Le « mal » commence pour lui par résider en ces questions dérangeantes, le « mal » se loge ensuite en son désir de seulement penser sa filiation, il finit par se localiser dans son « désir de s'inscrire dans une structure de parenté », nous explique Piera Aulagnier (ibidem). L'enfant finit par croire que sa naissance n'a pas été désirée en tant que telle, que sa mère lui interdit réellement une filiation officielle. De n'avoir pas le droit de parler de sa naissance, au non droit d'être né, il franchit allègrement le pas. Au départ du processus, un refoulement du parent, à son terme, une autocensure de différenciation chez l'enfant. En conséquence de quoi, il n'accomplit pas le travail psychique de désyncrétisation requis par le groupe social. Le refus d'être né du schizophrène peut ainsi, le plus souvent même, ne pas procéder d'un réel désir de mort, de non-naissance inconscient chez la mère. Même s'il est vrai que cela arrive parfois, il serait insensé de le nier !

9) La contradiction surmoi primaire-surmoi tertiaire

L'enfant construit donc pour son malheur un interdit primaire de différenciation symbolique. Il rencontre ensuite une injonction sociale, *tertiaire*, de différenciation. Il se trouve donc dans l'obligation d'obéir à *deux* obligations internes *contradictoires* : « Différencie-toi et ne te différencie pas ». Deux censures, tertiaire et primaire, *exactement contraires*. Opérer une différenciation, sexuelle par exemple, sans en avoir le droit primaire (maternel) ou *secondaire* (paternel), et ne pas opérer cette différenciation sans en avoir le droit tertiaire. Il se sent coupable de vouloir se différencier, coupable de vouloir rester indifférencié. Par exemple, quand il voudra se constituer comme un existant, il transgressera un interdit primaire. Quand il obéira à cet interdit primaire, il transgressera alors l'interdit tertiaire.

La contradiction entre le surmoi primaire et le surmoi tertiaire reste longtemps potentielle, latente. Elle se *potentialise*, nous dit Piera Aulagnier, lorsque le discours familial (pour le schizophrène, sur sa naissance) entre « en opposition manifeste avec le discours de l'ensemble » (l'injonction de différenciation existentielle), du fait de la disparition du « porte-parole » jusqu'ici caution de la véracité de l'explication fantasmatique qui a été donnée au sujet (sur ses origines).

Cette potentialisation génère alors chez le sujet un état de *persécution surmoïque*, c'est-à-dire une *impossibilité d'échapper* à l'angoisse de culpabilité, quoi qu'il choisisse.

Comment le sujet tente-t-il cependant d'échapper à cette persécution ? Par l'irrationalité d'un délire, la psychose, ou bien par une perversion.

10) La persécution surmoïque

Le délire psychotique est bien une façon d'échapper à cette *persécution surmoïque*, en procédant à une évacuation des principes de contradiction et de réalité. L'*irrationalité* d'un « délire d'auto-engendrement » permet par exemple au sujet persécuté surmoïquement de desserrer l'étau psychique qui l'étreint, car en ce délire, d'un côté, il signifie à sa mère qu'il « *n'a pas été engendré*, puisqu'il s'est créé lui-même ; de l'autre, il signifie à la société qu'il ne dénie pas la réalité de l'engendrement biologique, *puisque engendrement il y a eu.* »

Différente est la solution « perverse », pour sortir de la persécution surmoïque. Quand le sujet pervers défie la loi, c'est en fait pour *attaquer* un de ses surmoi, ou les deux. Il tente ainsi de dépasser sa persécution interne en ne tenant compte d'aucun, en « désavouant » l'interdit.

Le sujet pervers jouit manifestement de sa transgression réelle, c'est vrai, mais on oublie trop souvent qu'il souffre en même temps intensément. Cet accent mis sur la « jouissance » du pervers fait complètement perdre de vue à certains que le « désaveu » auquel il recourt reste foncièrement, et par définition, un mécanisme défensif ! En conséquence de quoi son désaveu doit être pensé comme une *contrainte à laquelle il ne peut échapper.* En vérité il transgresse pour ne pas sombrer dans la folie ! *La perversion est le négatif de la psychose.* L'oubli de la fonction défensive du désaveu me semble particulièrement évident dans l'essai de Hurni et Stoll (*La haine de l'amour*). Ces auteurs laissent planer un doute gênant quant à l'existence d'un libre-arbitre, d'une liberté, chez le sujet qui procède perversement à ses « petits arrangements » avec les lois, alors que ces arrangements et manipulations sont selon moi une façon de venir à bout d'une persécution surmoïque.

Il est souvent dit du « pervers narcissique » que c'est un sujet qui ne « supporte pas le manque ». Rien ne doit lui manquer. Je renvoie le lecteur aux textes de Racamier et de Eiguer décrivant parfaitement la manière dont se déploie la destructivité de ce sujet (« envieuse », disait déjà en d'autres termes Mélanie Klein), quand la richesse intérieure de l'autre le renvoie à sa finitude. Le pervers narcissique n'aurait de cesse que de mettre en « dépendance narcissique » l'objet envié, par exemple en le surestimant, en « l'idolâtrant » (Racamier), jusqu'à ce que celui-ci ne puisse plus faire valoir ses qualités *sans son partenaire*. Maîtrisant de la sorte le trésor de l'autre, le « pervers narcissique » dispose à volonté des qualités qu'il envie chez l'autre, comme si elles lui appartenaient.

À première vue, la relation de ce comportement avec une quelconque persécution surmoïque ne semble pas flagrante. Vouloir éloigner de lui le spectre de l'incomplétude, se défendre même, au dire de certains, de vivre le « manque fondamental », semble n'avoir aucun rapport avec ladite persécution. Mais se vouloir sans faille ni limite, se vouloir infini, qu'est-ce d'autre qu'une façon de refuser une différenciation, dans la mesure où différencier conduit forcément à une forme de perte ! La non acceptation du manque, qui est bien le projet visible de ce sujet « pervers narcissique », n'est pas du tout son problème, c'est sa solution ! Le « pervers narcissique » fait bien lui aussi en sorte d'échapper à une persécution surmoïque, *en se faisant non manquant*, c'est-à-dire en n'obéissant qu'à l'interdit primaire de différenciation, puisque différencier c'est forcément créer une altérisation, créer un manque par conséquent. Être non manquant est une façon parmi d'autres de *« désavouer » un interdit social d'indifférenciation*, et par là de venir à bout d'une persécution surmoïque.

11) La redéfinition du « conflit psychique »

Faire, comme nous le proposons, l'hypothèse d'une contradiction surmoïque signifie clairement redéfinir ce qu'on appelle depuis Freud le « conflit psychique ».

Une première modification de ce concept s'était produite avec Mélanie Klein quand elle a pensé un « surmoi préœdipien». Tout «archaïque» qu'il soit, ce surmoi continue néanmoins d'émaner de l'intériorisation d'une obligation sociale enjoignant au sujet de contenir son agressivité naturelle. Le modèle freudien y est conservé : désir contre interdit.

À la lumière de ce qui précède, il est clair que l'on peut redéfinir ce «conflit psychique» comme un *conflit de différenciation.*

Il y a conflit quand un *désir d'indifférenciation* s'oppose à un *interdit d'indifférenciation.* Aucun groupe social ne supporte en effet l'indifférenciation de ses membres. Ceux-ci par contre tendent à un moment de leur développement à s'y prélasser quelque peu, rechignant à renoncer à un syncrétisme pulsionnel premier.

À la suite des travaux de Racamier et Piera Aulagnier, une autre acception du conflit psychique est apparue ensuite tout aussi évidente et nécessaire : *désir de différenciation contre interdit de différenciation.* Tous deux reprenant à leur façon l'idée kleinienne géniale de la présence chez le jeune enfant d'un surmoi *primaire ou secondaire*, d'origine parentale. Primaire ou maternel, secondaire ou paternel. Le surmoi classique, à l'origine des névroses pouvant dans cette logique se renommer *tertiaire*, autrement dit d'origine sociale. Un surmoi primaire censurera un désir ou une obligation tertiaire de différenciation (des corps, des désirs, des générations, des valeurs, des moyens de subsistance). Un surmoi tertiaire censurera un désir ou une obligation primaire ou secondaire d'indifférenciation (existentielle, sexuelle, générationnelle, ou autre).

Dans un conflit psychique primaire ou secondaire l'enfant vit quelque chose de cette nature : «J'ai envie de me différencier, mais je sens que ma mère ou mon père ne m'en donne pas le droit». Dans le conflit psychique tertiaire, l'enfant vit le dilemme suivant : « Je veux rester indifférencié, mais je sens que la société ne m'en donne pas le droit ». La définition classique de la structure névrotique.

Mais, on vient de le voir, je pense que le conflit psychique auquel doivent faire face sujet pervers et sujet psychotique est d'une autre nature. La contradiction vécue ne s'y situe plus entre un désir et un interdit, conformément au modèle freudien classique, y compris dans ses extensions kleiniennes et post-kleiniennes, mais entre deux surmoi antagonistes[1].

En ce chapitre qui se finit, j'espère avoir montré que le processus de symbolisation, lui-même un temps du processus général d'information, pouvait être conçu comme un processus de différenciation symbolique, et comment des blocages de cette différenciation pouvaient rendre compte des pathologies névrotiques, perverses et psychotiques.

À la suite de quoi, le lecteur pourrait être amené à penser la différenciation comme le champ d'investigation essentiel, spécifique de la psychanalyse. Cette conclusion serait juste, mais partiellement juste, car ce serait oublier que le processus d'information est aussi un *processus de synthèse*.

B) La synthèse

1) La contradiction désirante

Redisons-le, un enjeu narcissique est au cœur de l'évitement informatif de symbolisation nommé par Freud « refoulement secondaire ». *Être ou ne pas être ce désirant-là*, voilà la vraie question, shakespearienne, la seule question possible, si l'on veut comprendre vraiment la découverte freudienne de l'inconscient.

1. Le lecteur pourra trouver en Annexe 3 la façon dont avec ce modèle je crois comprendre la genèse d'une paranoïa.

Le profane qui entend parler du « ça », du « surmoi », du « moi », de l'« idéal du moi » se représente « l'appareil psychique » comme une machinerie bien compliquée et la psychanalyse comme une science aussi obscure qu'absconse. Les choses sont en réalité beaucoup plus simples qu'elles n'y paraissent en ce langage freudien de la « deuxième topique ». Entre ce qu'il pense être – son « moi » – et ce qu'il souhaiterait être – son « idéal du moi » – ou ce qu'il ne souhaiterait pas être – son « surmoi » –, le sujet doit trouver sa vérité.

Le « conflit psychique » est fondamentalement une *contradiction identificatoire*, plus exactement une *contradiction désirante*, dans la mesure où ce sont bien deux désirs qui au final s'affrontent souterrainement dans le sujet : *être ou ne pas être ce transgresseur-là*.

Introduire ce concept de contradiction ne doit pas cependant nous faire oublier sa dimension inconsciente. Un conflit psychique est une contradiction désirante *non conscientisée* et *non conscientisable*. Momentanément du moins.

Lorsqu'émerge en lui un désir de différenciation ou d'indifférenciation insupporté par l'environnement parental ou social, on l'a vu, le sujet ne tarde pas à comprendre où est son intérêt, il y renonce rapidement, il ne veut pas perdre son intégration. Mais si la censure externe se fait trop dramatisante, elle produit un effet traumatique qui déclenche une censure informative, lorsque réapparaît en lui le désir condamné. Un évitement informatif se met en place, le refoulement premier, façon d'éviter le retour de l'excès d'émotion ; consécutivement le désir, ne se symbolisant pas, ne se différencie pas. Et le sujet reste alors avec en lui un désir d'indifférenciation, avec une forme première du plaisir pris avec l'objet, qui ne s'est pas modifiée, et dont, adulte, il ne supportera pas la présence en lui. Ainsi se met en place une contradiction désirante. L'insupporté par l'environnement est devenu après intériorisation des valeurs un insupporté *par lui*, mais ce qu'on oublie trop souvent de dire ou de penser, c'est que cet insupporté fait partie intégrante de lui, c'est aussi lui. Une partie, du moins.

« Je voudrais me débarrasser de ce symptôme, que je ne supporte plus » se plaint le sujet, qui croit naïvement lutter contre un élément étranger à lui-même. Il se bat consciemment non pas contre une partie de soi, mais contre un *élément contrariant* qu'il pense étranger à lui-même. Il n'a aucune conscience de l'existence en lui d'une contradiction désirante. Collant d'ailleurs totalement à ce discours spontané, le thérapeute « cognitif » ou « comportementaliste » se lance dans un *travail d'éradication du contrariant*. Il met en place des « stratégies » visant à *éliminer* ou, à défaut, *contrôler* ce contrariant qui fait tant souffrir le malade. Comme le patient, il croit vraiment que la lutte se déroule là où elle se manifeste : tous deux sont convaincus qu'un *contrariant doit disparaître ou se contrôler*. Mais si le contrariant gêneur est l'apparaître phénoménal d'une contradiction désirante, identificatoire, (ce n'est pas nécessairement toujours le cas) ce déchirement interne occulté par la lutte consciente contre l'élément contrariant va forcément rejaillir plus tard, ailleurs et autrement. Cela, le thérapeute cognitif se garde bien évidemment de le prendre en compte dans l'évaluation statistique qu'il fait de ses résultats positifs. Il quantifie et mesure la disparition ou l'atténuation effectives du symptôme à l'origine de la consultation, en toute honnêteté, mais il s'abstient d'aller voir ce qui l'a remplacé ! Il a réussi à éliminer ou juguler un symptôme, l'installation du nouveau combat psychique qu'entreprend ensuite le patient contre la partie de lui-même non symbolisable n'entre pas dans son champ d'observation. Ce n'est plus son problème.

Lorsque la lutte consciente du sujet contre le comportement contrariant est de toute évidence l'expression d'un conflit psychique, mais redisons-le nettement, ce n'est pas toujours le cas, travailler à la suppression du contrariant revient littéralement à vouloir supprimer une partie du sujet lui- même, autrement dit amputer le sujet d'une partie de lui-même !

Dans le même *déni* de la présence possible d'une contradiction désirante inconsciente, égal à celui du patient, d'autres thérapeutes, qui se réfèrent cependant à la topique freudienne, se sont proposés carrément *d'éradiquer le surmoi*, lequel fonctionnerait alors implicitement selon eux comme s'il était « un corps étranger » dont il faudrait « cathartiquement se débarrasser », explique Raymond Cahn (*La fin du divan ?*).

Redéfinir le conflit psychique, comme nous le proposons, en termes de contradiction désirante inconsciente, amène bien sûr à se poser immédiatement la question de sa *sortie*.

Comment se dépasse une telle contradiction ?

2) La capacité de synthèse

Il est clair qu'à partir du moment où l'on remplace la modélisation classique des « instances » par celle d'une contradiction désirante, on arrive droit à une *approche dialectique* de la psychanalyse ! Un sujet qui sans le savoir se bat contre lui-même et non plus contre un corps étranger ne trouvera dès lors son salut que dans un dépassement *dialectique* de son déchirement.

On savait depuis Hegel et Marx que l'être humain pouvait progresser dans la douleur par un « dépassement synthétique » de ses contradictions. Il en est exactement de même en ce qui concerne le dépassement de l'inconscient. « L'inconscient ne connaît pas la contradiction », écrivait Freud. Il ne connaît que cela, en réalité, puisqu'il est une tentative de la résoudre, quand manque une *capacité de synthèse* ! Entendons une incapacité à pouvoir *intégrer* les contraires.

C'est en effet la *non-intégrabilité* de sa contradiction intime qui pousse un sujet à ne pas la faire passer dans son champ de conscience, à maintenir l'évitement premier de symbolisation, ou, dit en langage freudien, à instaurer un « refoulement second(aire) », *second* serait de fait un terme plus approprié.

La méconnaissance ainsi perpétuée n'est donc pas le problème du patient, elle est *sa solution* ! Quand manque la capacité de venir à bout d'une tension non immédiatement résoluble, l'auto-organisation ne conserve son unité qu'à se méconnaître.

Il y a donc *deux temps* dans le blocage de l'activité de symbolisation : un temps où une analyse ne peut s'accomplir, un temps où une synthèse de la contradiction *engendrée par cette non-analyse* ne peut s'accomplir.

Ne symbolisant pas son désir spontanément syncrétique, le sujet ne peut procéder à sa différenciation, il reste alors avec au fond de lui cette réalité non transformée, insupportée par l'environnement et maintenant à ses propres yeux insupportable, puisqu'il a intériorisé les valeurs du groupe. Intériorisation dite surmoïque, qui rend cet insupporté insupportable, et donc toujours non symbolisable.

Autrement dit, les raisons pour lesquelles le sujet adulte fuit une conscientisation donnée ne sont pas du tout les mêmes que celles qui l'ont fait fuir la toute première fois. Il craignait hier une perte d'intégration socio-familiale, de *perdre une appartenance*, il craint aujourd'hui une désintégration psychique, de *perdre son unité propre*.

Car c'est ce qui se produirait immanquablement s'il cessait de se méconnaître. Sans la méconnaissance protectrice de l'inconscient, le sujet n'aurait en effet d'autre issue que de s'en prendre à lui-même, à vouloir *éliminer* cette partie de lui-même insupportable. Il *s'autodétruirait*.

La non symbolisation de sa contradiction désirante protège le sujet d'une autodestruction.

Cette dernière n'est pas, selon moi, à comprendre comme un retournement sur le sujet d'une pulsion spécifique, la trop célèbre « pulsion de mort », une pulsion si encombrante et si inadéquate que l'on peut se demander si ce n'est pas elle qui a provoqué lentement le dépérissement actuel de la psychanalyse ! L'autodestruction cliniquement observable et effectivement déployée est une tentative désespérée d'éliminer de soi le contraire insupportable, parce que manque précisément une capacité de l'intégrer. Elle exprime donc paradoxalement la tendance d'une auto-organisation à rester en vie, *en état d'intégration*. Où l'on saisit à nouveau combien le ressort fondamental de la métapsychologie freudienne réside bien en cette idée d'une désorganisation vitale à éviter, et combien également elle est en son essence profondément dialectique.

L'autodestruction est la seule solution à la disposition d'un sujet qui ne dispose pas encore d'une capacité de synthèse.

Au départ du processus d'évitement, on a par conséquent une angoisse de *dés*-intégration (familiale ou sociale), c'est-à-dire un sujet en contradiction *externe* avec son environnement, à l'arrivée, une contradiction *interne* dans le sujet, c'est-à-dire un sujet qui ne se supporte pas lui-même.

Ne pas se supporter soi-même ? La définition classique de la souffrance névrotique, on le sait, mais surtout, si l'on veut bien y réfléchir, la définition même de la contradiction désirante. Être *et* ne pas être ce désirant-là.

3) Le refoulement pathogêne

Cette approche dialectique de la psychanalyse, à notre avis au centre même du freudisme, à celui également d'Émile Jalley, bat profondément en brèche la conception, très répandue, selon laquelle il suffirait de « lever le refoulement » qui empêche une conscientisation, pour que le sujet puisse évoluer et guérir. Conscient enfin de ce qui le tourmente, le sujet pourrait enfin procéder à une *intégration* de ses désirs, parfaitement compatible avec le maintien d'une *intégration sociale*. Fournir consciemment à sa pulsion une issue de satisfaction socialement admissible, Freud nommait cela « sublimer ».

Mais penser ainsi que la solution de la souffrance psychique passe par la fin d'une méconnaissance de soi est le type même de la fausse idée. On s'y représente en fait que le sujet est *malade de se méconnaître*, qu'il convient donc de le soigner par une révélation de son inconscient. Ce qui gêne son évolution ? Une méconnaissance, considérée de fait implicitement comme patho*gêne*.

Avec ce postulat implicite du *refoulement pathogêne*, la psychanalyse s'est vulgarisée, dévoyée, comme *l'art d'analyser l'inconscient*. C'est ainsi que le problème du patient névrosé s'est appréhendé comme un *défaut d'analyse*, alors qu'il est fondamentalement le fait d'un *défaut de synthèse* ! Un conflit psychique ne s'analysera pas tant que le sujet n'aura pas les moyens de sa synthèse ! La psychanalyse porterait-elle mal son nom ?

C'est au fond une *profonde méconnaissance des fondements de la méconnaissance de soi* qui a conduit à cette conception erronée du refoulement qu'est le refoulement pathogêne.

La défaillance de la capacité de synthèse est à l'origine de la « résistance », c'est-à-dire de la force qui s'oppose à la *déconstruction de l'évitement informatif premier, qui s'est automatisé.* Par sa « résistance » à l'interprétation, à la donation externe et bien intentionnée du sens, le sujet ne fait qu'exprimer son absence de capacité de synthèse. Il pressent sans se l'expliciter combien une symbolisation intempestive pourrait lui causer de dommages.

4) La fuite du « symbolique »

Donnerions-nous ici raison à la pratique pure et dure d'abstinence interprétative du lacanisme ? Oui, dans la mesure où, effectivement, interpréter une tension inconsciente que le sujet ne peut intégrer ne peut avoir que des effets toxiques. Non, dans la mesure où laisser le sujet se débrouiller tout seul avec le sens inconscient de ses désirs et émotions, est une pure aberration, une pure négation de la nature de la notion d'inconscient. J'y reviendrai plus en détail, en annexe, juste après m'être penché ici sur un autre un point théorique où je me sens en profond désaccord avec la théorie lacanienne : le « symbolique ».

Lacan, on le sait, a habilement condensé en un seul concept, le « symbolique », deux notions effectivement intimement liées : la loi et la différenciation symbolique. Entrer dans l'ordre de la Loi ou entrer dans la symbolisation seraient selon lui un seul et même acte, de sorte que le sujet *qui éviterait une symbolisation donnée fuirait en fait la Loi.* Il entendrait en fait conserver son plaisir transgressif secret en se refusant à mettre les mots adéquats sur celui-ci, un plaisir incestueux, comme l'on sait.

Mais est-ce que le sujet névrosé qui fuit la symbolisation de son désir veut échapper à la Loi, ou au *malaise d'être ce qu'il ne voudrait pas être* ? Comprendre dialectiquement le freudisme conduit à une évidence : quand un sujet fuit une symbolisation, il ne fuit pas le « symbolique », il fuit une *désorganisation de soi* ! La « jouissance », que le sujet voudrait soi-disant conserver, selon Lacan, n'est pas pour moi le moteur du refoulement ou de la résistance. C'est le souci de rester organisé, envers et contre tout, malgré une incapacité momentanée d'intégration, en dépit d'un *défaut d'intégrabilité*, qui fait perdurer l'évitement de symbolisation.

Ajoutons également que, si le névrosé ne refoulait que pour conserver sa jouissance transgressive, il ne serait pas vraiment névrosé, mais pervers ! À la confusion de ces deux problématiques psychiques, amène nécessairement le fait d'assimiler en un seul concept, le « symbolique », deux notions différentes : symbolisation et Loi.

Il n'est pas insensé de penser cependant que le sujet peine à renoncer à la satisfaction du plaisir qu'il prend clandestinement, que la mise en mots va le confronter à la réalité de son désir transgressif, à *l'obligation d'un renoncement*, par conséquent, puisqu'il a intériorisé les valeurs du groupe qui condamne ladite satisfaction. S'il symbolise, il ne pourra plus de fait continuer tranquillement son « compromis » névrotique.

Ce qui est faux, par contre, c'est de penser que là réside la raison de l'évitement de symbolisation, comme si la poursuite du plaisir connu était le fondement du maintien dans l'inconscience du désir coupable. À fuir le « symbolique », on fuirait la Loi ? On raisonne là comme si l'on oubliait l'autre moitié du sujet, à savoir son désir précisément de non-satisfaction du désir refoulé, comme si l'on réduisait le sujet à une moitié de lui-même, celle recherchant la jouissance, comme si *l'autre moitié de la contradiction* (être *et* ne pas être ce désirant-là) s'effaçait magiquement au passage en cette formulation.

Une telle assimilation de la loi et de la symbolisation, le « Symbolique », peut sans doute s'expliquer par le fait de continuer d'exprimer le conflit psychique en recourant à la notion d'« instance » : un désir d'un côté *et* une « instance » de l'autre, surmoïque en l'occurrence. Y disparaît du coup le fait que le surmoi n'est pas une entité spécifique, une sorte de représentant interne de la loi sociale, mais une autre partie de l'être du sujet lui-même, l'autre moitié de sa contradiction désirante ! Un conflit psychique est tout simplement une identification entrant en contradiction avec une autre. Un désir entrant en contradiction avec un autre.

Cet accent mis par le lacanisme sur la notion de jouissance a conduit à une pratique étrange de la cure psychanalytique, vigoureusement dénoncée par André Green. Je ne la reprendrai pas ici, m'importe seulement de signifier que la « jouissance » n'est pas le concept-clé du freudisme. Ce serait plutôt *l'intégrabilité*.

Conclusion

Le processus par lequel l'auto-organisation, pour rester formée, organisée, en vie, se renseigne sur elle-même et l'état du monde, suit un cycle. Un cycle plus qu'une « topique » : computer, ressentir, imager, fantasmer, symboliser, computer, etc.

Ce cycle informatif obéit à des règles très précises, de sorte que le sujet (l'auto-organisation) est soumis autant aux lois de ce processus informatif qu'à celles de sa physiologie.

Et parmi celle-ci, l'évitement informatif, à savoir : une prise d'information s'évite si elle est porteuse d'une potentielle et mortelle désorganisation. La raison même de l'inconscient freudien, rappelons-le.

Dire qu'une conscientisation s'évite revient à dire que ne se font pas certaines connexions psychiques, et par conséquent neuronales. C'est alors une *connectibilité* qui se perd, et consécutivement une *capacité d'intégration*, qui permettrait justement à l'organisation de rester intégrée.

« Les psychanalystes sont des praticiens de la plasticité » écrivait joliment Ansermet (Colloque de.. retranscrit par Émile Jalley dans...). Le paraphrasant, je dirais volontiers pour ma part que les psychothérapeutes sont des *praticiens de la connectibilité perdue*.

Une autre loi du cycle informatif, à laquelle on ne pense pas immédiatement : *l'obligation de son achèvement*. Le sujet est sans cesse poussé à passer à l'étape suivante du cycle informatif, à la symbolisation s'il mentalise, à l'automatisation s'il symbolise, etc. C'est cette obligation de parcourir l'ensemble du cycle que nous ressentons *comme* une compulsion d'information, beaucoup plus globale, par conséquent, que la « compulsion de symbolisation », à laquelle fait allusion Roussillon.

Parler de compulsion, au demeurant, me semble en l'occurrence assez inadéquat, car cela peut prêter à de regrettables confusions théoriques : ranger par exemple cette « compulsion » dans l'ensemble des pulsions, ou bien penser que cette poussée ressentie a une finalité intrinsèque : l'intégration. Alors qu'il s'agit seulement du *ressenti d'une règle* à laquelle nous ne pouvons nous soustraire, du déploiement nécessaire subjectivement vécu du processus informatif ! La poussée ressentie n'est pas celle d'une finalité intégratrice, seulement celle d'un processus auquel nous sommes soumis, qui tend quasi mécaniquement à aller au terme de son déroulement.

De sorte que, lorsque se produit une panne à un niveau donné du processus informatif, le sujet doit littéralement *lutter pour endiguer* le déroulement naturel du cycle, si son déploiement doit créer une souffrance psychique. On le voit ainsi rassembler toutes ses forces face à l'irruption d'*une* symbolisation, voire de *la* symbolisation. Le système défensif s'automatise ensuite, grâce à la fameuse « angoisse-signal » (Freud, *Inhibition, symptôme, angoisse*). Subliminalement, par cette angoisse – en vérité une angoisse identificatoire –, le sujet est prévenu de la venue d'une souffrance identificatoire qu'il ne pourra pas résoudre, dépasser. C'est la *non intégrabilité* de sa contradiction interne que signale l'« angoisse-signal ». Cliniquement, on peut observer cette tension entre la tendance du processus à se déployer et une régulation inconsciente de conscientisation qui se déploie également dans le même temps, lorsque, par exemple, le thérapeute s'apprête à faire une interprétation intempestive, je veux dire à livrer un sens que le sujet ne pourra pas intégrer.

Le processus informatif n'est pas doté en lui-même d'une finalité interne intégratrice. C'est l'auto-organisation qui en est dotée.

Le processus, lui, suit aveuglément sa nature, si l'on peut dire : s'installer, se déployer, se poursuivre, s'achever. Sauf que son achèvement pourrait parfois signer celui du sujet, si n'intervenaient pas certains signaux subliminaux d'alerte déclenchant un premier évitement informatif, puis sa reconduction automatique. Grâce à quoi l'achèvement du cycle ne sera pas l'achèvement du sujet.

Si le cycle informatif s'est interrompu à la suite d'une première régulation inconsciente centralisée, ce qui se répète c'est le refoulement dit « secondaire », c'est-à-dire la lutte intestine contre une conscientisation à venir. Si le cycle s'est interrompu à la suite d'une sécession neuronale, ce qui se répète est alors la tendance du processus informatif interrompu, enrayé, à aller à son terme, tel un disque 33 tours rayé qui n'en finit pas de tourner à défaut de pouvoir passer au sillon suivant.

Dans les deux cas, la répétition observable n'a aucune finalité intégratrice, elle manifeste au contraire chez le sujet une *panne d'intégrabilité*.

Une perte d'intégrabilité elle-même consécutive à une *connectibilité perdue*.

Elle se perd, cette connectibilité, sous l'effet d'un traumatisme, elle se perd aussi sous celui d'une régulation inconsciente.

ANNEXE 1

Narcissisme et identification secondaire

Traditionnellement, on entend par « identification secondaire », entre autres choses, le fait que le sujet, au sortir de l'œdipe, choisit de suivre un autre système de valeurs que celui maternel, le système paternel, une autre valorisation que maternelle. Dit autrement, la valorisation de soi ne passe plus

– d'une part, *par les seules valeurs de l'objet maternel*,

– d'autre part, *par un seul objet confirmateur, la mère.*

Cela ne signifie pas pour autant que le sujet va pouvoir désormais se passer d'un *objet confirmateur de valeur*, pour parvenir à l'amour de soi. Toujours un autre sera nécessaire qui devra confirmer le fait que le sujet est bien conforme ou non à la valeur retenue par lui. « Je veux être... » « Oui, tu es bien... » La valeur de soi nécessitera toujours un objet confirmateur, approbateur, membre et porte-parole d'un système d'appartenance choisi par le sujet (le sens même du « contrat narcissique », selon Piera Aulagnier). En un mot, pas de valeur de soi, sans une *hétéro-confirmation.*

Il se produit donc au moment décrit par Freud sous le terme d'« identification secondaire » un changement de l'objet confirmateur, le père ou plus exactement le système d'appartenance qu'il soutient, entrant alors en scène. Cela veut dire que l'objet investi amoureusement, libidinalement, la mère, cesse de se confondre avec l'objet confirmateur. Le sujet n'attend plus de ce seul et unique objet la satisfaction de ses deux besoins fondamentaux : d'amour et de reconnaissance. Cela veut dire qu'il *discrimine l'investissement narcissique de l'investissement amoureux.*

Et en même temps que se discriminent en lui ces deux investissements fondamentaux, narcissique et objectal, *présents objectivement dès les origines*, lui apparaît dans sa comparaison avec le (la) rival(e) son *inachèvement identitaire* ! Et en conséquence la nécessité de procéder et travailler à la construction de soi. Importe plus alors pour lui de se lier soi-même que de continuer à lier l'objet primaire, pour ne pas le perdre. Une *nouvelle distribution* des besoins fondamentaux s'est faite jour. L'« identification secondaire » est bien un moment crucial dans l'évolution du narcissisme fondamental : un moment où celui-ci *se différencie* des besoins d'amour mais aussi *se priorise*[1].

1. Savoir s'il convient de lier l'autre avant soi-même ou de se lier soi-même avant l'autre est et restera toujours notre problème fondamental tout au long de notre existence. Mettre en retrait ses besoins personnels de reconnaissance pour s'attacher l'objet d'attachement, au risque de se perdre soi-même ? Privilégier ses satisfactions narcissiques, au risque de perdre l'objet ? Nul n'échappe à ce dilemme, dès l'instant où il consent à aimer, puisqu'aimer c'est lier l'autre, et lier l'autre, risquer de se délier soi-même. Tout comme à la sortie de l'œdipe nous devons sans cesse inventer une nouvelle répartition de nos investissements de liaison, dès l'instant où nous aimons. Chacun, du sacrifice de soi au « narcissisme secondaire », met où il le peut le curseur de la priorisation.

Annexe 2

L'assignation projective

Dans le « mécanisme de projection » simple, le sujet attribue à l'autre ce qu'il ne peut supporter de lui-même et repousse soigneusement toute possibilité d'identification *à* cet autre (Kernberg). Après quoi, il s'autorise à agresser copieusement cet autre, sans se douter une seule seconde qu'il se hait lui-même.

L'« identification projective », telle que l'a pensée initialement Mélanie Klein, est une autre façon plus sophistiquée de conjurer un risque identificatoire. Le sujet y attribue *mentalement* à un autre sa propre pulsion, son agressivité par exemple, puis s'identifie consciemment à la *victime* de cet autre, l'agressé, tout en s'identifiant en même temps mais inconsciemment à l'agresseur. Ce mécanisme se déroule dans le monde imaginaire et fantasmatique du sujet, *à l'intérieur* donc du sujet.

L'assignation projective désigne par contre le mécanisme d'*induction* comportementale par lequel un individu *contraint un autre à prendre réellement* une identité projetée. Cette *valeur de réalité* du projeté conjure encore plus radicalement le risque identificatoire. Comment un contenu qui *appartient réellement* à l'autre pourrait-il appartenir à l'être du projetant ? L'assignant peut se remettre à fantasmer tranquillement sans risque de réappropriation, se laisser aller en toute quiétude au plaisir de s'identifier tour à tour aux différents personnages de son fantasme. La valeur de réalité prise par le projeté attribué, de force, à l'objet permet au sujet d'effectuer une *symbolisation sans subjectivation*. Ce type de mécanisme se met donc en place, quand une projection simple ou une « identification projective » simple, ne suffisent plus à protéger le sujet d'une « réintrojection » du refoulé, autrement dit quand le « refoulement secondaire » défaille.

Dans une assignation projective, l'intériorité condamnée du sujet y est passée à l'acte par un autre *instrumentalisé*. Exprimé dans le langage « métamphorique » de Bion : le psychisme de l'assigné sert de « contenant » à l'assignant, qui ne peut tenir en lui-même certains de ses « contenus » pulsionnels.

L'assignation projective ne peut donc s'accomplir sans une *annexion* du psychisme de l'autre. C'est un mécanisme défensif *prothétique*, puisque le psychisme de l'objet sert littéralement de prothèse au psychisme défaillant du sujet, qui ne dispose pas en lui d'une *autonomie défensive*.

Ce qui rend impossible à l'assignant la séparation d'avec l'assigné !

On comprend aisément l'intérêt de l'assignant à établir une assignation, à savoir sa défaillance d'autonomie défensive, mais quel est celui de l'assigné ? Pourquoi un sujet en vient-il à s'approprier une identité qui n'est pas la sienne ? J'ai commencé par penser que le sujet prenait l'identité attendue par l'objet, par amour de cet objet, pour s'attacher son objet d'attachement, conserver le lien vital à ce dernier. Mais c'était littéralement confondre l'assignation projective avec ce que les lacaniens ont nommé l'« identification objectale ». C'était oublier la *violence psychique* au cœur de l'assignation, oublier que *l'identité pour l'assigné est à prendre ou l'objet à laisser* ! Preuve de cette violence, l'*emprise* inhérente à toute assignation projective. On voit cette emprise se manifester dès que l'assigné aspire à être autre chose que ce qu'on lui demande d'être inconsciemment, dès qu'il aspire à se différencier de *l'objet d'assignation*, dit par d'autres objet « symbiotique ». L'assignant, façon de garder sa *prothèse défensive*, ne lâche donc pas d'une semelle son partenaire assigné. Il exige en conséquence une *exclusivité relationnelle* absolue de la part de l'assigné, Si l'assigné s'avisait d'aimer ou de s'identifier à un autre objet que l'assignant, au contact de ce nouvel objet d'amour ou d'identification, il pourrait remettre en cause le rôle qui lui est imposé. Et l'assignant y perdrait son refoulement ! Les réactions de l'assignant, lorsque se profile cet éloignement, sont d'une violence telle que l'assigné bat immédiatement en retraite de peur d'être abandonné ou carrément *anéanti*, surtout s'il est dans un lien vital avec l'assignant. L'assignation n'est donc pas une « relation complémentaire », comme je le supposais en un premier temps, autrement dit une relation de consentement mutuel tacite, c'est une *relation de contrainte*.

La parenté évidente de ce concept d'assignation projective avec celui du « double lien » n'échappera à personne. Manque seulement au concept systémique une *dimension défensive*, je veux dire l'idée qu'il existe une profonde *dyscommunication interne* chez celui qui institue la *dyscommunication externe* du « double lien ».

Sur le rôle que l'assigné doit endosser, il n'a pas son mot à dire, il doit jouer la partition, mais n'en point parler. Autrement dit, non seulement l'assigné est voué à endosser une identité qui n'est pas la sienne, mais en plus *il doit le faire en se taisant*. « Tu n'as pas le droit de parler de cela... » Parler de la chose invisible, du *secret* pressenti, aborder la zone interdite, devient source de culpabilité. L'enfant assigné se tait donc, mais, comme on dit, n'en pense pas moins. Mais qu'il puisse encore y penser, c'est encore trop pour l'assignant ! Oser penser certains comportements opaques du parent, par exemple une négation présente chez celui-ci ? Le mal absolu ! La culpabilisation de la *pensée du négatif* est pour l'assignant beaucoup plus efficace que toutes les menaces d'abandon ou d'anéantissement, que toutes les exigences d'amour exclusif ! Ainsi l'assignant préserve-t-il sa prothèse défensive au prix d'une *autocensure du négatif chez l'assigné*, qui s'interdit toute « mauvaise pensée », surtout celle concernant la négation réelle dont il est l'objet de la part de son parent. Le plus sûr moyen pour l'assignant, cette autocensure du négatif, d'empêcher chez l'assigné une différenciation de l'objet d'assignation !

ANNEXE 3

La paranoïa

Comme en tout conflit psychotique, la « potentialité » paranoïaque prend racine dans une différenciation psychogénétique interdite primairement ou secondairement et ne se cristallise qu'à l'œdipe, quand éclate au grand jour l'antagonisme surmoïque tertiaire-primaire (ou tertiaire-secondaire), moment où l'énonciation de l'interdit de l'inceste vient signifier clairement pour le sujet la présence de la tertiarité, mais hélas pour lui non d'une « ternarité ».

On connaît l'explication freudienne de la paranoïa : une homosexualité inassumable faisant suite à une inversion de l'investissement œdipien, dite « œdipe négatif ». La haine incommensurable, consubstantielle à la problématique paranoïaque, serait la ruse défensive utilisée pour éviter la prise de conscience de cet amour impossible : « Si je te hais à ce point, c'est donc que je ne t'aime point ». L'étiologie de la paranoïa se situe donc nettement pour Freud à la phase œdipienne.

Avec C. et S. Botella, l'accent se déplace de la sexualité à la dépendance, devenue l'inassumable du sujet :

> La haine du sujet pour l'objet masquerait et traduirait donc selon ces auteurs une *haine de la dépendance*. La haine du paranoïaque, écrivent-ils, est « une protection par projection et retournement » contre le danger d'assujettissement. « Il me hait, donc je ne l'aime pas » C. et S. Botella voient dans le

surinvestissement hyperactif de ce sujet, non pas comme Freud une défense contre une passivité assimilable à la passivité homosexuelle, mais une « défaillance de l'auto-érotisme ». Ce serait la façon dont ce sujet négocierait l'absence insoutenable de l'objet, insoutenable par absence précisément de cette *solution de remplacement qu'est l'auto-érotisme*. Cette tentative de compensation de l'absence manquerait au sujet paranoïaque, d'où son hyperactivité. En résumé, *le sujet paranoïaque haïrait sa dépendance, de ne pouvoir gérer l'absence de l'objet par auto-érotisation*. L'homosexualité, effectivement prégnante dans le tableau clinique du paranoïaque, et dont il faut bien rendre compte, prend alors pour ces auteurs le sens d'une « recherche de double ». Car avec un double de soi-même, le risque d'assujettissement est bien évidemment moindre. Importe donc moins, dans leur hypothèse, le *sexe identique* du double que sa *qualité* de double.

Premier commentaire : à la différence de Freud, ces auteurs, tout comme Pierra Aulagnier, conçoivent une racine de la paranoïa *antérieure à* l'œdipe. On peut leur faire confiance, ces auteurs sont des cliniciens accomplis, ils ont donc vraisemblablement accumulé un certain nombre d'expériences les conduisant à élaborer leur hypothèse. Mais allons-y de la nôtre :

Tout d'abord, rappelons que la psychose est un trouble de symbolisation, non un trouble de mentalisation. Le *vécu intolérable* du psychotique qui l'amène au délire n'est pas lié, comme le soutiennent les post-bionniens, à la présence d'une émotion insoutenable qui aurait *conservé* sa nature terrifiante première, *pour n'avoir pas été transformée en son temps* – comme se transforme une matière première, faute d'une « fonction alpha ». Le vécu intolérable du psychotique est une culpabilité *persécutoire*, que ne peut fuir le sujet, autrement que par un délire, dans lequel il cherche à concilier l'inconciliable. Le vécu intolérable se déclenche *au moment d'une symbolisation*, quand il s'agit pour le sujet d'*identifier* un désir (son désir d'être né, par exemple), car l'identification en question conduit nécessairement le sujet à ne pas pouvoir sortir d'une contradiction surmoïque[1].

Ainsi le paranoïaque a-t-il le malheur de rencontrer un objet qui ne tient pas plus que cela à le voir *affirmer son autonomie désirante*. Ses manifestations naturelles d'omnipotence inhérentes à la période « schizo-paranoïde » en seront en conséquence violemment censurées. Il devra les refouler, de se trouver réellement en face d'un objet parental ne supportant pas davantage que lui le fait qu'un autre puisse avoir un autre désir que le sien. Suite à ce refoulement, le désir d'affirmation de soi, d'autonomie désirante, se vivra comme une *transgression primaire* insupportable. Ensuite, au moment de la différenciation sexuelle, la masculinisation phallique pour le garçon, requise socialement, va réveiller cette culpabilité primaire d'affirmation de soi. S'identifier au phallus, devenir un garçon ? La faute suprême. Le garçon sacrifie alors son phallus et s'identifie inconsciemment à une petite fille. Vient l'œdipe. Il se retrouve alors en situation d'être la femme de son père, encouragé d'ailleurs secrètement en cela par sa mère qui n'y voit pas d'inconvénient véritable. Mais il se sent quand même tertiairement coupable, et même doublement coupable. Déjà coucher avec son parent, mais en plus avec son père ! Si coupable qu'il tend à obéir à l'injonction tertiaire exogamique et masculinisante, mais cela le conduit à transgresser l'interdit primaire. Reprendre le phallus à sa mère, tout de même ! Il s'y lance quand même courageusement, mais pas tout seul. Il fait alliance avec son père contre la « mauvaise femme », la « marâtre ». L'union fait la force des faibles. Mais il ne tarde pas à vivre sa victoire comme une transgression.

1. Dans la névrose, la contradiction se situe seulement entre un désir et *une* censure interne, dans la psychose, entre deux censures internes contraires.

Coupable d'être une fille, coupable d'être un garçon ! Le sujet paranoïaque se hait de se vouloir mâle quand il se soumet à l'injonction primaire, se hait de se vouloir fille quand il se soumet à l'injonction tertiaire. Il n'est jamais ce qu'il doit être. Lorsque ce sujet affirme son désir de masculinité, il entre en transgression primaire ; lorsqu'il souhaite mettre fin à cette transgression, il se féminise et se passivise. Quelque identité qu'il prenne, ce sujet se hait d'être ce qu'il est. Il ne trouve jamais le repos, sauf à projeter son combat interne à l'extérieur, mais alors il quitte les rives encore sécurisantes de la potentialité paranoïaque pour entrer dans le délire.

L'autonomie désirante, autrement dit la capacité d'affirmer son désir, est donc bien au cœur de la problématique paranoïaque comme en font l'hypothèse les Botella, mais selon moi pas tout à fait de la façon dont ils le présentent. Ce conflit psychique du paranoïaque s'exprime bien comme l'a décrit Freud au travers de l'identification à la masculinité, *synonyme culturel de l'affirmation de soi*, ainsi que l'a montré Piera Aulagnier. Être ou non un sujet masculin ? Affirmer ou ne pas affirmer son propre désir. Dépendre ou non du désir de l'autre, par conséquent. Se passer de l'objet, s'autonomiser, le sujet le voudrait bien, il n'aspire qu'à cela, mais il n'en a pas le *droit*, car il vit un antagonisme surmoïque à cet égard ! Puisque psychose il y a, présence d'un conflit surmoïque primaire-tertiaire il y a de facto. S'affirmer, pour le garçon, est requis socialement, mais interdit primairement. Un défaut de « ternarité » est toujours présent dans l'histoire du patient psychotique. Et c'est cette absence qui va faire son malheur parce qu'elle va instaurer une contradiction surmoïque. Raison également pour laquelle il ne va pas installer un autoérotisme compensateur. Il n'en a pas le droit.

ANNEXE 4

Lacanisme et charlacanisme

La pensée de Lacan à laquelle je me suis référé souvent dans ce texte, que j'ai critiquée encore plus souvent, signe évident qu'elle a été et est encore pour moi incontournable, a donné lieu chez certains de ses successeurs à des prolongements passionnants, chez Piera Aulagnier notamment ou François Périer ou Valabrega.

Je préfère les rappeler ici plutôt que les nombreuses aberrations charlacaniennes auxquelles hélas elle a aussi donné lieu, je pense aux discours sur la noble « fonction paternelle » séparatrice, ou sur le signifiant barré, ou sur l'objet petit « a ». De ce petit tas, le lecteur sait d'ailleurs déjà ce que j'en pense, s'il a lu ce qui précède.

La libération du désir de l'autre

C'est là par contre un sujet qui mérite une réflexion attentive. Il est tout à fait correct d'affirmer à la suite de Lacan qu'une liquidation saine de l'œdipe affranchit le sujet du désir du désir *de la mère*. Par contre, cela ne signifie aucunement que le sujet se libère par là du désir du désir de l'autre ! Ce qu'on entend pourtant très souvent ! On ne se libère jamais complètement de notre dépendance au désir de l'autre, a rectifié Piera Aulagnier, une authentique disciple de Lacan, la plus novatrice sans aucun doute. Je résume brièvement son propos :

> Il suffit d'aimer, pour que revienne cette dépendance fondamentale, puisque la déliaison de soi – ou « vidage narcissique » – est le risque inhérent de l'amour. La virilité étant liée culturellement à l'indépendance désirante, plus cette liaison culturelle sera prononcée et plus l'homme aura tendance à étouffer ses sentiments, à sacrifier sa relation amoureuse, plutôt que de renoncer à sa propre affirmation. Il y risquerait précisément sa virilité. Une angoisse de castration, venue culturellement s'ajouter à l'angoisse universelle du vidage narcissique, l'oblige à inhiber ses sentiments. En soi, le « vidage narcissique » devrait être tout aussi insupportable pour les deux sexes ; mais c'est parce qu'il vient résonner chez l'homme avec une « angoisse de castration », que l'homme refuse de se laisser aller à aimer. La femme, moins envahie par cette angoisse de castration, affronte plus facilement le risque de l'amour qu'est le « vidage narcissique », et donc la dépendance possible au désir de l'autre. La satisfaction de celui-ci étant la meilleure façon de lier solidement à soi cet autre auquel on s'attache. De fait, il n'y a vraiment qu'une relation de réciprocité qui puisse protéger le sujet amoureux du « vidage narcissique ». Celui-ci surgit inévitablement dès l'instant où, pour lier à soi l'être aimé, il faut se plier à son désir. Et à se conformer à ce dernier, effectivement on y sacrifie plus ou moins la satisfaction du sien. C'est pourquoi tout sujet amoureux ne trouve la tranquillité qu'à devenir objet d'amour de l'objet d'amour. « Chéri, est-ce que tu m'aimes ? Est-ce que je t'ai manqué ? » « Mais oui, bien sûr, ma chérie » répond-il, vaguement agacé, l'esprit déjà ailleurs, reparti déjà dans ses projets. Et pourtant, elle ne lui demande pas grand-chose, en vérité. Juste une réciprocité. La certitude de pouvoir être en retour reconstituée narcissiquement.

Mise à part la dialectique hégelienne du maître et de l'esclave, sur les liens interpersonnels j'ai rarement lu quelque chose d'aussi juste et profond que cette analyse du lien amoureux par Piera Aulagnier.

À y bien réfléchir, on trouve chez nos grands auteurs classiques, Molière, Corneille, Racine, Marivaux, des analyses très proches. En attendant qu'advienne la réciprocité amoureuse, le sujet qui ose aimer tend inconsciemment à se rendre maître du désir de l'objet aimé. Tant que l'autre ne manifeste pas son amour, il ne reste en effet au sujet amoureux qu'à tenter de l'*asservir*, façon de ne pas se perdre soi-même. Asservit l'autre en cette « guerre des sexes » celui des deux qui craint le moins de perdre l'objet. La guerre à défaut d'une réciprocité ? Le thème essentiel de toute la littérature française du dix huitième siècle. Asservit l'autre, celui qui n'a pas peur de perdre la vie, a formalisé à son tour Hegel.

Le sujet ne se libère donc jamais de sa fondamentale dépendance au désir de l'autre, sauf à vouloir tuer en lui la source même de cette dépendance : l'amour de l'autre. Ce que tend précisément à effectuer le « narcissisme négatif », nous explique André Green :

> Le « narcissique négatif », écrit cet auteur, cherche à « s'affranchir du désir », développe une « aspiration à être (ou rester) une totalité auto-suffisante », une « aspiration au Neutre ». Le narcissique négatif organise un « combat à mort contre le désir ».

Je me demande seulement si ce « narcissisme négatif » ne relèverait pas en fait du « narcissisme secondaire » freudien, si même il n'en serait pas l'expression suprême. On sait que le sujet « narcissique secondaire » refuse, du fait d'une première expérience douloureuse, de s'engager à nouveau dans un lien amoureux qui pourrait le faire souffrir. « Ne plus jamais vivre le manque de l'objet », proclame inconsciemment le « narcissique secondaire », qui replie sur lui l'investissement libidinal. S'affranchir donc de tout désir ne représenterait-il pas le moyen le plus radical de s'affranchir de toute dépendance à l'objet ? Atteindre le « nirvana du narcissisme négatif », ne serait-il pas, au fond, le moyen ultime de ne plus avoir à souffrir du manque de l'autre, de sortir définitivement du piège de l'amour ? On pourrait dans cette hypothèse qualifier le « narcissisme négatif » selon

Green de narcissisme secondaire *radicalisé*. À la lumière de ces réflexions il pourrait bien se faire que l'affirmation fallacieuse selon laquelle une liquidation de l'œdipe libèrerait le sujet de son « désir du désir de l'Autre », relève purement et simplement d'une lecture « narcissique secondaire » du complexe œdipien. Le « désir du désir de l'autre » ne peut être vécu comme une prison que par un sujet narcissique ! Une liquidation correcte de l'œdipe met seulement fin à la prédominance du régime identificatoire de l'« identification objectale », celle-ci laissant la place à l'« identification secondaire », sans jamais disparaître vraiment.

L'abstinence interprétative[1]

Green et Donnet expliquent parfaitement bien comment et pourquoi un analysant peut rester coincé dans son problème transférentiel, jusqu'à la fin de sa vie, s'il s'obstine à suivre une cure lacanienne type, c'est-à-dire sans intervention interprétative de l'analyste à un moment donné. À vrai dire l'abstinence interprétative totale, peu d'analystes lacaniens la pratiquent encore aujourd'hui, seulement ceux insuffisamment formés ou bloqués dans un respect du dogme lacanien quasi religieux. Le signifié tapi derrière les métaphores ou les métonymies ou les lapsus, autrement dit ce que le sujet n'arrive pas à penser de lui-même, est bien ce qu'ils visent à faire surgir dans la cure, fort heureusement. Le problème clinique posé par la cure lacanienne réside dans le refus de Lacan de considérer le transfert comme le vecteur thérapeutique spécifique de la cure. Le transfert, c'est ce qui se répète et s'actualise du passé du sujet dans le présent de la cure sur la personne de l'analyste ou sur le cadre. C'est par lui, à travers lui, que resurgit, intact, l'investissement infan-

1. Ce passage reprend l'essentiel d'un échange par courriel avec Émile Jalley, en octobre 2016.

tile, le désir refoulé et fixé; fixé parce que refoulé. Et là encore, entre le discours de Lacan et la pratique concrète des analystes lacaniens, il y a un monde. Aujourd'hui, la plupart d'entre eux, fort heureusement, ne s'en tiennent pas à la lettre des *Écrits* peu soucieux en effet de l'histoire du sujet et du transfert. Ils reprennent à raison le concept judicieux de la « demande », ce qui est une façon de faire revenir par la fenêtre ce qui a été chassé par la porte, et, second crime de lèse-lacanisme, ils en restituent le sens caché au patient, ce qui est également une façon de réintroduire l'acte interprétatif ostracisé.

Je n'ai pas eu personnellement cette chance, je suis tombé sur un analyste lacanien pur et dur qui a cru bon de se passer de tout acte interprétatif de la demande que je lui adressais inconsciemment. Je ne l'ai donc découverte qu'en changeant d'analyste, laquelle m'a vraiment permis d'accéder à mon inconscient. À une grande partie, du moins. Et en très peu de temps.

Car le problème est bien là dans cette préconisation de Lacan de laisser le patient trouver tout seul le sens de son association libre ! Se dire qu'on a évité le pire grâce à une écoute lacanienne bienveillante et respectueuse de notre long cheminement, c'est juste, je me le suis dit aussi. On évite en effet bien des ennuis graves grâce à ce soutien thérapeutique, mais ce soutien, n'importe quelle oreille bienveillante pourrait vous l'apporter ! Même une cartomancienne peut faire l'affaire ! Elle peut comme un(e) lacanien (ne) pur(e) et dur(e) vous laisser causer indéfiniment, construire le *récit* de votre vie tel qu'il vous convient, s'abstenir intelligemment de vous contredire, elle vous soutirera seulement un peu moins d'argent que l'analyste lacanien ! L'abstinence interprétative lacanienne a littéralement transformé la cure analytique en une *thérapie du récit*. Je ne nie pas qu'il y ait un effet apaisant et constructeur dans le fait de se parler à soi-même devant un autre.

On se sent entendu, écouté, compris, on se reconstruit une stabilité effectivement. Mais pour autant vous continuez d'ignorer ce qui de votre passé vient déterminer votre relation actuelle à l'autre et au monde : le désir fixé et insatisfait qui s'y exprime et se déplace d'objet en objet, se transfère sans cesse. Vous ne pouvez pas trouver tout seul cette « trace » du passé par le simple fait de parler de vous devant un autre. Au demeurant, penser que l'on peut y accéder par le simple fait de parler à un autre bien disposé à votre égard, parfaitement disposé à vous entendre, sans rien dire et sans limite, juste celle de la séance, c'est tout simplement nier l'existence de l'inconscient ! Si le sujet était à même d'interpréter par lui-même ce que l'analyste considère comme une manifestation de son inconscient, le sens d'un lapsus par exemple, serait-ce là encore de l'inconscient ? Par définition, ce que le sujet peut interpréter par lui-même ne peut être que son « préconscient », au sens freudien du terme.

Autre conséquence dramatique, soulignée également par Green et Donnet : l'insatisfaction de votre demande inconsciente vous « rive au cadre », vous attache à l'objet frustrant. C'est la raison principale des analyses interminables. Dix ans, vingt ans d'analyse, pour moi, c'est le signe probable d'un échec thérapeutique.

L'interprétation du transfert, entendons de la demande transférée, est donc nécessaire, elle se doit seulement de n'être pas *intempestive*, de rester en phase avec ce que le sujet peut en recevoir à un moment donné. C'est tout un savoir faire que seule l'expérience de nos erreurs nous enseigne. Elle doit être en plus « tempérée », dit judicieusement Donnet, mais ceci a plus à voir avec les découvertes winnicottiennes.

Le parcours d'un psychanalyste français aujourd'hui, mon parcours en tout cas, consiste à se déprendre progressivement, mais non sans peine, de la fascination exercée par le discours théorique de Lacan, une sorte de fascination cobraïque, malencontreusement relayée par les médias, pour revenir à la réalité de la clinique. Et là on s'aperçoit que l'application stricte du texte lacanien ne fonctionne pas, par exemple que la « forclusion du nom du père » ne vous est d'aucune utilité pour soigner ceux qui sont censés avoir barré ce nom. Autrement plus féconds cliniquement pour aborder une psychose sont les concepts d'un Winnicott, ou d'une Mélanie Klein, entre autres, que Lacan pourtant méprisait copieusement.

Même si, *dans leur praxis*, les analystes lacaniens s'en sont plus ou moins clandestinement affranchis, la théorie lacanienne du symbolique est effectivement réductionniste, en ce qu'elle enferme l'inconscient dans le langage et la cure dans le silence de l'analyste. Un paradoxe pour une théorie qui s'est à ce point centrée sur la seule symbolisation, au détriment des autres moments du processus d'information ! Je me demande parfois s'il n'aurait pas été judicieux de ranger la cure-type lacanienne au rang d'une catastrophe sanitaire nationale.

Les métaphysiques de la perte

Je ne peux pas ne pas évoquer ici le rapprochement malicieusement et subtilement fait par Sophie Marinopoulos (2011) entre la théorie lacanienne du désir et le mythe d'Adam et Ève. Un rapprochement au final terriblement corrosif.

> On sait que l'homme perd une côte, en ce mythe biblique, écrit-elle ; il s'ensuit qu'il voudra éternellement compenser cette perte, et il le fait en installant une éternelle « inégalité des sexes », inégalité par laquelle la femme « paye sa dette ».

Sophie Marinopoulos souligne à juste titre la manifestation dans ce mythe d'une *pensée de l'incomplétude.* Une perte d'un morceau de soi s'y produit incontestablement.

Or, qu'est-ce que, selon Lacan, crée la fameuse « division du sujet » – la « Spaltung » – due à l'entrée dans le langage, sinon une même perte de soi ? Dans le mythe, une côte est le morceau de soi perdu. Chez Lacan, c'est certes un autre morceau, mais pas vraiment ce qu'on peut appeler un « bas morceau », car Lacan a choisi le phallus comme signifiant de ce morceau perdu. Si ce n'est pas là un avatar évident de la mythologie judéo-chrétienne du paradis perdu !

Affirmer qu'un *vécu* de manque succède à l'acte de symbolisation semble par contre parfaitement exact, puisque toute symbolisation étant par nature vectrice de différenciation conduit inexorablement à mettre fin à un syncrétisme initial. Un manque de plaisir peut donc effectivement s'ensuivre de l'acte de symbolisation. Mais prendre ce manque, comme une *perte réelle* d'une *partie de soi*, ce que signifie clairement la théorie lacanienne de la « division du sujet » par le langage, revient de fait à postuler implicitement une *complétude première en soi*, inscrite dans l'être, qui vient à se perdre du fait de l'opération du langage, exactement comme dans le mythe judéo-chrétien se perd réellement une partie de soi-même.

Le lacanisme est bien une *métaphysique de la complétude perdue.*

Et à mon avis, toutes les métaphysiques du manque et de la complétude perdue sont des *résidus infantiles des désirs d'indifférenciation* (cf. p. ???). Elles n'expriment pour moi rien d'autre qu'une fixation pathologique de l'« envie naturelle », l'accrochage inconscient d'un sujet à son plaisir archaïque syncrétique, comme à un *paradis perdu.*

Les penseurs du manque n'agissent pas autrement que ne le fait l'enfant : ils s'accrochent à une complétude première imaginaire *prise pour une réalité*, tout comme celui-ci à un paradis qu'il ne veut pas voir disparaître.

Novembre 2016

Bibliographie des auteurs cités

Agid Yves, 2013, *L'homme subconscient*, Robert Laffont.

Bion Wilfred Rupert, 1965, *Transformations*, PUF.

Bion Wilfred Rupert, 1970, *Attention et interprétation*, PUF.

Botella C. et S., 2001, *La figurabilité psychique*, Delachaux et Niestlé.

Bowlby John, 2014, *Amour et rupture : les destins du lien affectif*, Albin Michel.

Cahn Raymond, 2002, *La fin du divan ?*, Odile Jacob.

Carvahlo, Ginzburg, Lombardi, Sanchez-Cardenas, 2009, Matte Blanco, *Une autre pensée psychanalytique*, L'Harmattan.

Changeux Jean-Pierre, 1983, *L'homme neuronal*, Fayard.

Damasio Antonio, 2003, *Spinoza avait raison*, Odile Jacob.

Damasio Antonio, 2010, *L'autre moi-même*, Odile Jacob.

De Mijolla-Mellor Sophie, 2005, *La sublimation*, Que sais-je ?, PUF, 1996.

Dehaene Stanislas, 2014, *Le Code de la conscience*, Odile Jacob.

Deleuze Gilles et Guattari Félix, 1973, *L'anti-œdipe*, Les éditions de Minuit.

Freud Sigmund, 1926, *Inhibition symptôme, angoisse*, PUF.

Freud Sigmund, 1925, *Résultats, idées, problèmes*, PUF.

Freud Sigmund, 1987, *Les trois essais sur la théorie sexuelle*, Gallimard.

Freud Sigmund, 1981, « Le moi et le ça », in *Essais de psychanalyse*, Payot.

Green André, 1997, *Les Chaînes d'Éros*, Odile Jacob.

Green André, 1973, *Le discours vivant*, Le fil Rouge, PUF.

Hurni et Stoll, *La haine de l'amour*, L'Harmattan.

Jalley Émile, 2016, *La psychanalyse pendant et après Lacan*, L'Harmattan.

Klein Mélanie, 1957, *Envie et gratitude*, Gallimard.
Klein Mélanie, 1967, *Essais de psychanalyse*, Payot.
Kernberg Otto, 1988, *Projection, identification, identification projective*, PUF.
Kohut Heinz, 1971, *Le Soi*, PUF.
Lacan Jacques, 1966, *Écrits*, Le Seuil.
Marinopoulos Sophie, 2011, *Combattre les petites philosophies du pénis*, LLL.
Mijolla-Mellor de, Sophie, 2005, *La sublimation*, Que sais-je ?, PUF.
Morin Edgar, 1980, *La méthode, tome 2, La vie de la vie*, Le Seuil.
Pasche Francis, 1969, *À partir de Freud*, Payot.
Racamier Paul-Claude, 1995, *L'inceste et l'incestuel*, Les Éditions du Collège.
Ricœur Paul, 1990, *Soi-même comme un autre*, Seuil.
Robion Jacques, 2013, *Essais de neuropsychanalyse*, L'Harmattan.
Robion Jacques, *Attachement et fixation*, jacquesrobiondot.fr
Roques Jacques, 2007, *Guérir avec l'EMDR*, Le Seuil.
Sartre Jean-Paul, 1960, *Critique de la raison dialectique*, Gallimard.
Sartre, Jean-Paul, 1943, *L'être et le néant*, Gallimard.
Shapiro Francine, 2012, *Dépasser le passé*, Le Seuil.
Spinoza Baruch de, 1994, *L'Éthique*, Folio.
Winnicott Daniel, 1971, *Jeu et réalité*, Payot.
Wittgenstein Ludwig, 2004, *Recherches philosophiques*, Gallimard.

Postface d'Émile Jalley

Parmi les neuf livres de Jacques Robion, les deux plus récents intitulés *Pour une psychanalyse dialectique*, et *Essais de neuropsychanalyse*, ont donné lieu à une analyse suivie dans mon dernier livre sur *La psychanalyse après Lacan. Bion, Gaddini, Kohut, Kernberg, Stoller, Robion*, publié chez L'Harmattan en septembre 2016.

Les deux titres de ces deux ouvrages montrent par leurs formulations mêmes l'approche très personnelle, à vrai dire exceptionnelle aujourd'hui, de la démarche de Jacques Robion en matière de psychanalyse, comme distendue par la figure du « grand écart », ainsi que disent les danseurs et les gymnastes, entre la philosophie et les sciences biologiques.

Il y a à dire que l'attitude de Jacques Robion ne fait en vérité guère autre chose que de reconduire pour son compte un geste très ancien de Freud, consistant, lorsqu'il invente la psychanalyse, à l'installer dans un espace intermédiaire justement entre la philosophie et la biologie.

Un certain nombre de textes, étalés tout au long de la carrière de Freud, démontrent cette attitude interdomaniale spontanée de Freud, mais ils ne sont plus ni très cités ni même très connus même des connaisseurs en matière de psychanalyse. Ce qui est fort dommage[1].

1. L'ensemble de ces textes a été présenté, analysé et discuté dans Émile Jalley : GPC, *La Guerre des psys continue. La psychanalyse française en lutte*, 2007, Paris, L'Harmattan, 2007, 77-235, ch. 2 à 5.

L'affaire n'est pas simple, quitte à dire même qu'elle requiert une approche de type dialectique. Freud adopte des attitudes contradictoires touchant la dépendance-indépendance de la psychanalyse à l'égard de ses disciplines connexes.

Et en outre adopte des attitudes elles-mêmes contradictoires touchant l'évaluation de la philosophie comme des sciences biologiques. Il est possible de les suivre dans deux séries plus ou moins antinomiques de textes, dont s'indique l'exigence d'une lecture dialectique de la pensée freudienne. On ne peut aborder ce sujet ici, que l'on a discuté également dans le titre mentionné ci-dessus.

Cette posture du grand écart est, comme les gymnastes le savent, plutôt difficile à réaliser, et cela vaut également au figuré.

Lacan, comme on sait, a beaucoup valorisé l'étayage de la psychanalyse sur le massif, considérable dans son texte, des références philosophiques[1]. Par contre, le massif de ses références à la biologie, sans être inexistant (par exemple à l'éthologie animale à propos du stade du miroir), est beaucoup moins consistant.

Cependant, l'autre côté de la bascule existe aussi : certains auteurs, qui se déclarent toujours, au moins à ce qu'ils disent, dans le camp de la psychanalyse (Éric Kandel), n'en sont pas moins sensibles aux sirènes du réductionnisme à la base biologique, à l'exclusion de tout autre référence d'ordre idéologico-culturel.

Toutefois, la pratique la plus courante aujourd'hui est celle de la voie moyenne, qui va jusqu'à l'excès d'une

1. Voir Émile Jalley : *La crise de la philosophie en France au XXI*[e] *siècle. D'Héraclite et Parménide à Lacan*, 2013, 313 ; *La psychanalyse pendant et après Lacan. Bion, Blanco, Gaddini, Kohut, Kernberg, Robion. Remarques sur Jacques Lacan*, ibid., 2016, 12.

forme de « clinicisme » ne prétendant connaître que les données du cabinet, et leur mise en forme, comme « au ras des pâquerettes », dans une littérature encore abondante malgré la crise de la psychanalyse, déplorée à grands cris par de tels praticiens. Cette attitude est courante chez beaucoup d'adeptes du courant lacanien, d'ailleurs majoritaire, qui n'ont absolument aucune conscience du fait que ni Lacan ni Freud n'ont jamais été taillés sur ce modèle.

Dans cette voie moyenil convient tout de même de remarquer, à l'écart de sa banalité ordinaire, la position à la recherche de l'interdomanialité défendue par les suisses Francois Ansermet et PierreMagistretti, respectivement psychanalyste et neuropédiatre, prétendant que ce qui relie aujourd'hui la psychanalyse aussi bien aux neurosciences qu'à la philosophie, serait le fait d'une rencontre de caractère dialectique autour du fait de « l'irréductible singularité du sujet, comme exception à l'universel »[1].

Or cette préoccupation d'une approche dialectique de la psychanalyse et interdomaniale de la psychanalyse est elle-même la marque de la pensée de Jacques Robion.

Laissons maintenant la parole à Jacques Robion. Nous lui répondrons à la suite au fur et à mesure par des commentaires que sa lecture nous a inspirés (EJ). Et lui à son tour nous répondra éventuellement.

1 *Le sujet du psychisme n'est pas une Psyché. La Psyché ou sa version freudienne « l'appareil psychique », n'étant que des déclinaisons modernes de la millénaire théorie idéaliste de la double substance.*

1. Émile Jalley : *La psychanalyse pendant et après Lacan, Tome 2. Robion, Remarques sur Jacques Lacan*, ibid., 2016, 398.

EJ : L'auteur commence ici par une formule paradoxale, et bien dans le registre « dialectique » dont se réclame le titre même de son livre de 2009, prise de parti dont nous avons relevé nombre d'exemples dans notre analyse récente de ses deux derniers ouvrages (2016), et dont va voir le loup pointer l'oreille à plusieurs reprises dans la suite de son propos.

Le dualisme de l'âme et du corps, dénoncé en fait ici, est la doctrine incontestablement majoritaire à travers toute la psychologia (cosmologia, theologia) convoyée par l'histoire de la philosophie, depuis Platon jusqu'à Bergson et Sartre compris (en dépit de leurs références obligées au « corps »).

Mais la doctrine inverse existe aussi, chez tous les matérialistes antiques et modernes (Démocrite, Épicure, Lucrèce, Libertins, Gassendi, Encyclopédistes, marxistes), tout comme aussi dans l'hylémorphisme d'Aristote (l'âme est la forme du corps) – qui n'est pas un matérialiste au sens strict.

Certains auteurs se tiennent dans l'ambiguïté à cet égard : Descartes – dont les *Passions* contredisent les *Méditations*, Spinoza : l'âme idée du corps.

La critique virulente de Georges Politzer contre la psychologie argumente du reproche majeur contre celle-ci de se réserver une âme éternelle comme cadeau de consolation destiné à rendre supportable l'exploitation de l'homme par l'homme.

Il est certain que l'appareil psychique freudien fonctionne encore comme une espèce d'âme. D'ailleurs Freud utilise souvent les mots *Seele*, *seelisch*.

C'est l'une des raisons pour laquelle Georges Politzer, après avoir considéré la psychanalyse comme la « vraie psychologie » (1924) finira assez rapidement par la rejeter (1927) comme une idéologie inféodée à la philosophie, ceci au service de la démonstration captieuse de l'immortalité de l'âme.

2 *Plutôt que d'une âme, parlons donc d'une auto-organisation qui au cours de l'évolution s'est dotée progressivement d'un processus de traitement informatif de plus en plus sophistiqué.*

Cette auto-organisation traite de l'information pour rester intégrée, en vie, conserver ses forces adaptatives.

EJ : La sorte de dispositif envisagée ici par l'auteur n'est pas sans ressembler à la machinerie psychobiologique de l'« intelligence » de Piaget, conçue comme régie par une tendance à l'auto-équilibration au service d'une finalité adaptative. Même si Piaget insiste insuffisamment sur sa composante d'« affectivité », ce qui lui a été reproché par Wallon et le tient à une certaine distance du modèle pulsionnel freudien.

Ce modèle, somme toute assez banal, trouve des prémonitions chez des auteurs de doctrines par ailleurs très variées : Maine de Biran, Bergson, Thorndike, Pavlov, Watson, Goldstein, Pradines.

Les cognitivistes modernes lui ont donné un costume informatique, mais ne l'ont pas inventé. Beaucoup de ces cognitivistes, souvent venus de la biologie (Changeux) ou des mathématiques (Dehaene, Naccache), savent par ailleurs très peu de philosophie, et de psychologie, ce qui les rend d'autant plus conquérants. Ils demandent leurs « papiers » à tout un chacun. Mais c'est à eux qu'il faudrait d'abord demander leur passeport.

3 *L'auto-organisation humaine traite l'information en plusieurs temps ou modes :*

– sans conscientisation (sans production d'un objet de conscience), c'est le temps dit « computationnel » par Damasio,

– avec conscientisation mais sans contrôle de l'objet de conscience produit, comme dans le rêve par exemple. C'est le temps dit de la mentalisation.

– Puis avec contrôle de l'objet de conscience, c'est le temps de la symbolisation ou manipulation volontaire de symboles faisant partie d'un Code symbolique (toutes les formes de langage, verbal, mathématique).

EJ : On se demande si cette « trialité » adoptée par J. Robion est autre chose que la traduction dans un dialecte moderniste de la triplicité freudienne Ics-PCs-Cs, et se demander aussi quelle est le gain d'une telle opération, disons, comme de « laïcisation ». Ne la rejetons pas pour autant, si elle s'avoue de bonne foi, et ne se présente pas comme une sorte de Figaro (Pinocchio ?) créé pour dérober à Freud son bien, avant de le jeter aux gémonies – ce qui se fait beaucoup.

Par ailleurs, ce concept d'information, venu d'abord de la cybernétique de Shannon et de Wiener, du schéma du téléphone et de la technologie des feedbacks, est devenu une entité très générale, presque aussi vide que ces concepts philosophiques à qui personne ne veut plus serrer la main : identité, différence, essence, existence, vous avez dit... dialectique ?

Personnellement, j'ai du mal à m'habituer à être traité comme un système de traitement de l'information, à être un fragment d'espace transi par de l'information, qu'elle soit centripète ou centrifuge.

J'ai souvenir d'autres trialités de ce genre défendues par la génération un peu plus ancienne que les cognitivistes récents. Elles paraissent être une sorte de tic qui cache le refoulement d'autre chose.

Ainsi par exemple on voit Marr (1982) proposer un modèle de l'explication cognitive à trois niveaux : 1. le niveau « computationnel » (compétence du système) est le niveau sémantique ou intentionnel du contenu des représentations ; 2. le niveau « algorithmique », dit encore « symbolique », « syntaxique » ou « fonctionnel », définit les propriétés des symboles qui instancient les états mentaux ; 3. le niveau « matériel » ou « physique » (*hard-ware*) définit les propriétés neurophysiologiques et biologiques des organismes. Ces niveaux sont conçus comme à la fois distincts et interagissant les uns avec les autres[1].

Réponse de Jacques Robion

Voici ce que je pourrais répondre à Monsieur Émile Jalley, mais avant de me lancer dans ma réponse, je souhaiterais le remercier de son aide précieuse sans laquelle ce dernier texte n'aurait probablement jamais été publié.

J'ai donné à lire à nombre de mes collègues psychanalystes mon écrit précédent *Pour une psychanalyse dialectique*, et je n'ai obtenu que silence et indifférence. Il se trouve que c'est chez un universitaire accompli, Monsieur Émile Jalley, – et hasard amusant, un Jurassien comme moi ! – que j'ai pu obtenir un commentaire attentif et pertinent. Au final cela rien d'étonnant, il y a longtemps que l'ouverture d'esprit a quitté les cabinets analytiques et que le dogmatisme théorique a fini par anéantir la créativité des instituts de psychanalyse, y compris celui dans lequel je n'imaginais pas le rencontrer : le IVe groupe. Je suis donc infiniment reconnaissant à Monsieur Jalley d'avoir bien voulu commenter en postface mon dernier écrit, mais cette dette ne m'empêchera pas cependant d'exprimer un éventuel désaccord théorique, là où bien évidemment il y en a. Là où il n'y en a pas, je ne ferai pas de commentaires de son commentaire.

Sur le concept d'information, j'ai envie de lui répondre. Bien évidemment non, il ne s'agit pas avec cette conceptua-

1. Émile Jalley : *Critique de la raison en psychologie*, ibid., 2007, 366.

lisation de « dérober à Freud son bien », seulement de le réexprimer en un autre langage plus approprié à la tentative qui est la mienne de sortir de l'éternel dualisme des substances : matière et esprit. Parler d'ailleurs de matérialisme à propos d'une auto-organisation qui s'informe pour se former ou rester en vie, c'est encore se mouvoir à l'intérieur de ce dualisme. Recourir au concept d'information permet précisément d'en sortir. Loin d'être un concept vide, c'est donc pour moi la façon la plus économique conceptuellement d'aborder aujourd'hui le vivant sans se laisser prendre au piège d'un quelconque système de croyance. Que dit en substance une théorie de l'information ? Juste ceci : pour rester organisé, un être vivant, du protozoaire à l'être humain, ne cesse de recueillir et traiter des informations, de multiples façons. On introduit bien de la sorte un minimum de croyances, on recourt bien ainsi à une axiomatique minimale.

Je ne pense pas non plus que la « trialité » : information sans objet de conscience, information avec objet de conscience mais sans contrôle conscient, information avec objet de conscience et contrôle du dit objet, corresponde exactement à celle de Freud citée ci-dessus, parce que l'information sans production d'un objet de conscience est certes par définition non consciente, mais elle ne constitue pas pour autant un Inconscient, un système quasi autonome existentiellement. C'est simplement une information que l'auto-organisation prend autrement, sur elle-même ou sur le monde externe. Là où Damasio disait « computationnellement, je dis pour ma part : « sans production d'objet de conscience ».

Je comprends parfaitement qu'Émile Jalley répugne à se voir réduit à n'être qu'une organisation biologique en quête d'unité, via un processus d'information voué à cette unification. Je ressens exactement la même chose. Qui d'ailleurs n'éprouverait pas cela après des millénaires de dualisme ? J'entends bien le reproche qui m'est fait : comment peut-on oser concevoir une approche aussi réductrice de l'humain ? Oublier Mozart ? Non je n'oublie pas Mozart, j'en joue même. Et pourtant je refuse d'oublier la racine animale de mon activité de pensée. C'est bien pour rester en vie qu'au départ s'est développée notre faculté de représentation. Mais il se trouve qu'à pouvoir prendre *réflexivement* pour objet de travail nos premières représentations du monde focalisées sur les dangers potentiels, l'auto-organisation que nous sommes a appris à développer une activité de pensée affranchie de sa fonction conservatrice vitale, comme si la pensée s'exerçait désormais pour elle-même. La théorie de l'information rappelle seulement les *origines* animales de la pensée pensante, de ce qu'on appelle l'esprit. Elle est en cela on ne peut plus freudienne.

4 *Le processus de traitement informatif fonctionne en cycle. Il commence par la computation, finit par la symbolisation, mais en réalité le destin d'une information par conscientisation est de retourner à l'état inconscient.*

Et ce, pour une raison très simple : l'économie d'énergie. Elle-même condition de la conservation d'une énergie adaptative maximale, condition donc de la survie.

EJ : Justement, chassez le dialectique (*das Dialektische*) par la porte, le voilà qui rentre par la fenêtre.

Les notions mises en valeur par la cybernétique ou limitrophes, connexes : information, équilibre, cycle, économie, énergie, comportent chacune l'horizon d'une densité dialectique qui en échappent presque toujours à l'usager moderne courant. Ceci, bien entendu, nous n'avons pas dit que l'auteur ne le sait pas. Nous savons qu'il le sait, mais saisirons l'occasion de le souligner davantage.

Le fonctionnement cyclique, en boucle, de la machine adaptative, mobilise évidemment la notion de feedback, rétroaction, causalité circulaire, qui appartient de plein droit à l'appareil de la pensée dialectique.

L'inauguration en est faite, semble-t-il, par la célèbre table kantienne des douze catégories dans la Critique de la Raison pure (1781), dont elle est la neuvième : *Wechselwirkung* (action réciproque entre l'agent et la patient, ou communauté : *Gemeinschaft*).

Puis ce *Wechsel* (réciprocité) est rapidement adopté par Fichte, le fils de Kant et le père de Hegel, dans sa *Doctrine de la Science* de 1794[1], puis par la *Logique* de Hegel (1812).

Mais cela ne suffit pas encore. La notion d'action réciproque, de réciprocité, ouvre bien entendu par elle-même sur celle de cercle, et de la variation géniale qu'en fait Hegel avec son invention d'un « cercle de cercles », (1812, 3, 391) pour déboucher enfin sur la longue tradition postérieure de « spirale » : Sismondi 1819, Marx 1857, Lénine 1914, et même de spirale de spirale : Gesell, Wallon 1936, Piaget 1950[2].

Les notions d'équilibre, équilibration, auto-équilibration (Piaget et col.) appartiennent au même cercle de connotations conceptuelles, impliquant celle d'annulation réciproque des actions positives et négatives afférentes au système. Piaget par exemple invoque le concept contradictoire d'équilibre « stable parce que mobile ».

Le propos de Jacques Robion, par ce qu'il dit du « cycle », relève précisément de cet horizon que nous retra-

1. Johann Gottlieb Fichte (1762-1814) : *La Doctrine de la Science* (1894), trad. par Marc Géraud, présentation par Émile Jalley, ibid., 2016.

2. Émile Jalley : *Wallon lecteur de Freud et Piaget*, Éditions sociales, 1981, 261.

çons en ce moment : le fait que le conscient, venu de l'inconscient, se referme à nouveau sur l'inconscient, implique de soi, ou alors nous ne savons pas lire, que la première boucle se ferme pour s'ouvrir à nouveau sur une deuxième boucle, et vogue alors la galère...

On nous parle d'« économie » : encore une notion qui appartient au même espace de la dialectique du réel et de l'esprit. À condition de bien disposer ses lunettes. Voyons.

Ce schème de l'économie d'énergie – une obsession par ailleurs très contemporaine, comme on sait – évoque assez directement le « principe de constance » freudien et le traitement difficile qu'en fait son auteur, à hésiter à l'interpréter dans le sens de l'homéostasie (à la Cannon) ou bien dans le sens d'une tendance vers le zéro. Ne reprenons pas ce débat difficile, dont les données principales sont par ailleurs fournies par le Vocabulaire de la psychanalyse de Laplanche et Pontalis[1].

J'ai développé par ailleurs en plusieurs endroits la suggestion que Freud, qui savait beaucoup de choses mais pas tout, était allé chercher chez Fechner-Helmholtz-Brücke ce qu'il aurait pu trouver chez Lazare Carnot.

À savoir la formulation en termes de contradiction dialectique évidente des deux grands principes de sa thermodynamique : l'énergie de l'univers se conserve en quantité (1er principe), mais se dégrade en qualité (2e principe). Voilà qui eût aidé beaucoup Freud s'il l'avait mieux connu : les deux interprétations de son principe de constance y sont contenues. Évidemment, l'ingénieur Carnot, préoccupé de sauver la nation en danger, n'a jamais eu la moindre notion du caractère dialectique de son modèle, et semble-t-il

1. Voir aussi Émile Jalley : *Encyclopaedia Universalis*.

personne non plus après lui – même pas l'Engels de la Dialectique de la nature, ce qui peut paraître très étonnant.

Enfin, la notion d'économie d'énergie trouve son origine historique dans le fameux « principe du maximum et du minimum », proposé à l'époque baroque de naissance de la manufacture précapitaliste, par le philosophe, mathématicien, logicien et diplomate Leibniz : Dieu calcule en faisant le monde (*Dum Deus calculat sicut fit mundus*), et ce faisant, Dieu se comporte comme un homme d'affaires, un banquier, s'agissant pour de tels personnages de produire le maximum d'effets avec le mininum de moyens.

Les chargés d'affaires de telles fortunes célèbres ont-ils aujourd'hui un autre idéal (*Ichideal* même, si vous voulez) ? On pourra consulter avec profit, dans cet ordre d'idées, *Le capital au XXIe siècle* de Thomas Piketty (Seuil, 2013), ou encore *l'Hydre mondiale. L'oligopole bancaire* de François Morin (Lux, 2015). Le paradoxe étant tout de même que cet idéal formulé dans les termes d'une telle « harmonie préétablie », débouche immanquablement sur la dialectique négative (Adorno) d'une avalanche à répétitions de crises financières de moins en moins maîtrisables.

Les notions d'économie budgétaire, d'équilibre budgétaire ont tout de même, aux yeux d'un public de plus en plus large, une réputation de plus en plus suspecte, à même de dénoncer le bien-fondé d'une économie libérale sans autre principe que la jungle d'une dérégulation.

Tout cela pour dire que ces notions de système cyclique, d'économie énergétique, d'équilibre homéostatique, etc., bien entendu la psychanalyse critique n'a pas à prendre le parti de les rejeter d'emblée. Ce qui n'empêche pas qu'elle soit en droit de bien examiner leur passeport.

Car enfin, à privilégier la notion de tendance à l'équilibre – article de foi en soi invérifiable de l'économie libérale

(Stieglitz, etc.) – on aura par la suite le plus grand mal à introduire un principe de conflit intrasystémique, la contradiction réelle dans le système, ce qui est une exigence capitale pour la philosophie « de Kant à Hegel » (*Von Kant bis Hegel*)[1], et bien entendu pour la pensée psychanalytique. Exigence complètement étrangère à la pensée hyper-empiriste et scientiste de source nord-américaine, et qui imprègne de plus en plus – à l'insu de son plein gré, selon la formule d'un cycliste en son temps célèbre – l'inconscient de la culture européenne.

Il y a à songer aussi à l'ironie de la situation, où ce sont les grands tyrannosaures de la finance mondiale, qui sont aussi les grands gaspilleurs de l'argent public, et qui demandent aux petites gens de faire des économies, et pourquoi pas de travailler encore plus, à mesure que croît toujours le PIB mondial, ceci malgré la crise proclamée *urbi et orbi* à grands renforts de médias. Il faudrait travailler plus et plus longtemps, alors qu'il y a en fait de plus en plus d'argent *in the world*. Molière en eût probablement fait quelque chose.

Réponse de Jacques Robion

Je crois qu'on ne peut qu'admirer la maestria avec laquelle Émile Jalley resitue dans l'histoire des idées ma modeste proposition relative à l'économie d'énergie. On s'inscrit forcément toujours dans un héritage culturel plus ou moins visible. Il est fructueux de pouvoir le repérer précisément ainsi.

Je partage également tout à fait son analyse de la contradiction freudienne au creux du fameux « principe de constance ». Entre tendance au retour à l'équilibre et tendance au retour à l'inorganique, les freudiens se querellent sans cesse. Une fausse querelle en effet.

1. Richard Kroner : *De Kant à Hegel* (1921-1923), 2 vol., trad. de Marc Géraud, présentation d'Émile Jalley, ibid., 2013.

Je voudrais seulement préciser ici la notion de cycle : à partir du moment où le sujet (entendons : l'auto-organisation) se saisit d'une réalité pour l'identifier, il obéit nécessairement aux lois de son processus de traitement, lequel passe par plusieurs étapes. Le sujet suit donc un parcours obligé, dit « topique » par Freud. Le traitement sans conscientisation, puis avec conscientisation, puis avec contrôle conscient, puis avec retour dans le subconscient, selon ma propre formulation.

Je crois même que la pathologie psychique n'est rien d'autre que la contradiction éprouvée par un sujet *poussé par la dynamique interne de son processus de traitement informatif à traiter ce qu'il n'a pas ou plus les moyens de traiter.*

On parle beaucoup en psychanalyse de pulsion sexuelle, d'une sexualité qui pousse irrépressiblement le sujet à certains actes, de façon plus générale d'une poussée biologique, mais il faut parler aussi de la poussée informative qui pousse le sujet à traiter selon certaines règles... ce qui le pousse biologiquement.

On ne se débarrassera pas plus de ce processus informatif en cycle que de nos racines animales.

5 *La plupart des neuroscientifiques dénient l'existence de l'inconscient freudien. Leur raisonnement repose sur l'assimilation incorrecte de deux notions : le contrôle de l'objet de conscience, et le contrôle cortical. Tout comme si le cortex frontal n'avait pour fonction que la manipulation volontaire des objets de conscience. Il suffit de sortir de leur équation invisible cortical = contrôle conscient, pour redonner à la psychanalyse sa possibilité de coexistence dans une conceptualisation d'inspiration neuroscientifique. Il suffit d'introduire la notion de régulation inconsciente de conscientisation. En un* *mot, des informations s'évitent inconsciemment sous l'effet de cette régulation, inconsciente et pourtant corticalisée.*

EJ : Le camp de neuroscientifiques et de leurs alliés cognitivistes reconnaît parfois, au moins chez certains auteurs et souvent à mots plus ou moins couverts, l'existence d'un inconscient cognitif, qu'il n'est pas déplacé, selon moi, de comparer au préconscient (Pcs) freudien, ce que Freud appelle l'inconscient au sens descriptif, mais non dynamique, muni de ses traces verbales, de traces mnésiques de la vie de veille, de certains des « principes logiques » (Freud 1900 : le principe d'identité et de non-contradiction, y compris l'usage du non dans la « dénégation »), et qui est une partie du Moi de la deuxième topique, l'autre partie, elle dynamique, mettant en jeu la batterie des mécanismes de défense.

Cet « inconscient cognitif » était admis et même décrit pour une part par Jean Piaget, l'ancêtre des cognitivistes modernes, mais dont la stature épistémologique encyclopédique et dialectique les dépasse considérablement.

Ceci dit, il y a tout de même déjà là un terrain de rencontre appréciable entre les neurosciences et la psychanalyse, et qui devrait rendre les confrontations plus faciles, même si c'est souvent très loin d'être le cas, par exemple avec un Lionel Naccache[1], pour des raisons qui semblent de l'ordre du préjugé bien plus que de l'argumentation rationnelle.

Jacques Robion approche avec beaucoup de détermination la position du neuroscientifisme *main stream*, ni plus ni moins qu'en déniant sa propre dénégation de l'inconscient – négation de la négation, selon un procédé relevant d'une sorte de tour de prestidigitation, mais bienvenu d'autant que

1. Voir Émile Jalley : *La psychanalyse pendant et après Lacan. Robion. Remarques sur Jacques Lacan*, ibid., 2016, 250-251, 297, 302, 313-314, 323-327, 332.

l'adversaire s'en trouve complètement pris au dépourvu. Montre donc ce que tu caches derrière ton dos, c'est là un bon tour, digne du Socrate des dialogues aporétiques (Goldschmidt).

Le tour de passe-passe ne consiste ni plus ni moins qu'à accrocher l'inconscient freudien au territoire cérébral (lobe frontal) attribué par les neuroscientifiques au contrôle conscient.

Le présupposé implicite d'une telle opération de retournement du contenu étant que *le contrôle conscient est toujours plus ou moins guidé par l'inconscient (freudien).* Mais une bonne partie des adversaires risque de ne pas l'admettre. Freud a souvent polémiqué contre les résistances des champions de la conscience, dans le camp de la psychologie universitaire (*Schulpsychologie*)[1], à admettre l'inconscient, parfois à la limite du découragement et en admettant que de telles résistances repousseraient toujours.

Réponse de Jacques Robion

Il s'agit bien en effet « d'accrocher l'inconscient » au cortex frontal. Mais ce n'est pas pour moi un tour de passe-passe, ou un vilain tour joué aux neuroscientifiques un peu trop présomptueux et oublieux de l'histoire des idées.

Car plus que l'Inconscient – une fois de plus encore indument substantialisé – c'est le refoulement lui-même, au sens le plus général du terme, c'est-à-dire le contrôle inconscient de la production d'un objet de conscience qu'il convient de relier aux sphères corticales. D'où ma suggestion de le renommer, ce refoulement freudien, « régulation inconsciente de conscientisation ».

1. Émile Jalley : *La Guerre des psys continue*, ibid., Paris, 2007.

Une régulation qui serait *sous le contrôle du cortex*, tout comme le sont les règles et régulations qui président par exemple à l'exercice quotidien de notre langage. Nous n'avons pas conscience des règles qui nous font parler, et pourtant elles sont bien là ces règles qui nous permettent de produire tel ou tel objet de conscience. Toute manipulation d'objet de conscience est de fait inconsciemment régulée, obéit de fait à des règles de production que nous ne découvrons qu'après-coup, dans ce qu'on appelle la « métacognition ». Et ces régulations, ces *règles de production* sont de toute évidence le fait d'une activité hautement corticalisée. D'où ma suggestion de clairement dissocier le *corticalisé* du simplement *contrôlé consciemment*.

6 *Les évitements informatifs (de mentalisation ou de symbolisation) ont lieu chaque fois qu'une information par conscientisation est susceptible d'engendrer une souffrance identificatoire (ou de subjectivation), a montré Freud dans la « deuxième topique ».*

En vérité, l'évitement informatif n'est pas qu'un évitement d'un déplaisir, l'économie d'une souffrance de subjectivation, il fait faire à l'auto-organisation l'économie d'une désorganisation. Tout évitement informatif est un évitement de déliaison.

Si en effet le non-conscientisé venait à la conscience, le sujet n'aurait pas d'autre alternative que de tenter de supprimer, d'éradiquer, cette partie de lui-même, de porter par conséquent atteinte à lui-même.

EJ : Évitement informatif, nous dit-on. C'est bien ce que Freud appelle « défense » (Abwehr).

L'attrait pour le plaisir, l'évitement du déplaisir ne représentent pas un thème absolument spécifique de la psychanalyse. Il s'agit plutôt d'un motif de la sagesse des nations, que l'on retrouve à l'occasion dans l'histoire de la philosophie, mais tout de même assez rarement, car la sagesse philosophique se défie plutôt de la dépendance à l'égard de l'objet externe que représente la recherche du plaisir.

La valorisation du désir et/ou du plaisir se trouve chez Aristippe de Cyrène (435-356), Épicure (341-270), Gassendi (1592-1655), chez certains auteurs des Lumières : les français Condillac (1714-1780), D'Holbach (1725-1789), Helvétius (1715-1771), Volney (1757-1820), l'anglais Bentham (1748-1832).

L'évitement a par ailleurs une signification traditionnelle plus technique en psychologie clinique et pathologique, pour désigner un mécanisme qui serait plus élémentaire, nous dit-on, que l'isolation et le déplacement propres au registre névrotique[1].

Réponse de Jacques Robion

S'informer, c'est identifier. Et un sujet qui évite d'identifier une certaine réalité interne ou externe est un sujet qui « refoule », nous dit la psychanalyse. Alors où est l'utilité de créer ce nouveau terme d'« évitement informatif », en lieu et place du « refoulement » ? Qu'apporte-t-il de nouveau ? Pourquoi ne pas conserver le concept freudien ?

La psychanalyse, de fait, présuppose implicitement l'accrochage au cortex du refoulement, comme l'écrit très bien Émile Jalley. Elle s'appuie donc fondamentalement sur l'idée d'un *contrôle cortical non conscient de la production de l'objet de conscience*. Le sujet se protégerait ainsi inconsciemment d'une douloureuse identification de soi ou de l'autre, par un ensemble de « mécanismes défensifs ». C'est le sens même du concept d'« Abwehr ». Certes, le contrôle

1. Jean Bergeret : *Psychologie pathologique*, 1972, 1982, 98, 142.

inconscient n'est plus aujourd'hui le fait d'un « homoncule à la manœuvre », comme l'écrivait Lacan, mails il reste bien fondamentalement, sous le contrôle du cortex.

Le sujet traumatisé recule lui aussi devant l'identification d'une certaine réalité, mais il le fait dans et par un automatisme neuronal, nommé par moi *négatif*, dans la mesure où le sujet en a perdu le contrôle corticalisé, et pas simplement le contrôle volontaire. Son évitement informatif est un évitement décorticalisé. Ce n'est pas un refoulement, je veux dire une régulation inconsciente. On aperçoit du coup l'intérêt qu'il y a à dissocier les deux concepts du refoulement et de l'évitement informatif. De fait le refoulement freudien *n'est qu'un sous-ensemble de l'évitement informatif.*

7 *Être ou ne pas être ce transgresseur-là ? Au départ, c'est une angoisse de désappartenance qui pousse à renoncer à la satisfaction du désir coupable. L'intériorisation par le membre du groupe des valeurs du groupe se révèle le plus sûr moyen, ont écrit Deleuze et Guattari, pour un groupe donné de maintenir son unité. La punition par démembrement a été et est encore souvent la sanction imposée par le groupe au transgresseur. Une façon en réalité pour le transgresseur de rester encore membre du groupe, de payer sa dette. Perdre un membre pour éviter de ne plus être membre du groupe, ou pour payer le prix d'une réintégration.*

EJ : Risque de désorganisation, de déliaison, de désappartenance, de désintégration personnelle et sociale, exigence de différenciation au profit de la liaison, nous dit-on.

Il existe une certaine ambiguïté, à mon avis, sur le fait de savoir si la « défense » est commandée par le danger externe d'un désaveu du groupe, ou par le danger interne d'un débordement pulsionnel incontrôlable par la faiblesse du Moi. Probablement les deux, comme souvent pour la démarche spontanément dialectique de Freud, *made in Germany*, et que les commentateurs français ont toujours eu du mal à comprendre, ce qui multiplie les querelles insolubles entre les partisans du pour ou du contre.

Il n'est pas certain que Freud ait accordé une valeur uniformément positive à l'appartenance groupale. Il existe un pessimisme social chez Freud, comme chez Lacan, et à certains égards aussi chez Bion.

Il faudrait ici pouvoir ouvrir l'immense chapitre de la psychologie normale et pathologique attachée au registre de la psychologie collective chez Freud.

Lorsqu'il parle pour la première fois de l'Idéal du Moi, Freud en voit la réalité externe dans le produit de l'identification collective à un corps constitué tel que l'Église et l'Armée, en disant (à peu près) que le résultat n'en est pas quelque chose de bien relevé.

Les textes où Freud attribue les troubles psychiques de l'être humain à une pression excessive et dommageable pour l'individu de la civilisation, sont extrêmement nombreux, en plus et sans parler en particulier de *Malaise dans la civilisation* (1927), de *l'Avenir d'une illusion* (1930) et de *Moïse et le monothéisme* (1938).

La description que produit Bion des cultures groupales, avec pour clefs de voûte l'émergence de trois formes de leaderships du type paranoïaque, messianique, ou encore bon pasteur [Hitler, André XXIII, De Gaulle], pourrait donner à bon droit l'envie à tout un chacun de se retirer tout au fond de la campagne, bien tapi dans son cottage.

Lacan rend justice à Marx (cité 67 fois par lui), d'avoir correctement décrit le fonctionnement social réel, tout en déclarant aux étudiants de Vincennes qu'ils trouveront toujours un maître, qu'elle qu'en soit la couleur, brune ou rouge, pour les piétiner.

La valorisation de l'appartenance groupale, de l'identification à la conscience collective, est un concept dû, pour une part à Émile Durkheim, à partir de fortes suggestions dues à Hegel et à Auguste Comte, bien entendu aussi à Marx.

On ne fera que rappeler les propos très cruels de Paul Nizan dans Les chiens de garde (1932) sur le rôle conjoint de Kant et de Durkheim dans la fabrication par les inspecteurs généraux protestants de l'époque de Jules Ferry, de ce qu'il considère, à tort ou à raison, comme la morale petite-bourgeoise de l'école laïque et républicaine. À celle-ci est encore accroché, telle la queue du nounours, le culte de « nos valeurs ».

Il n'en existe pas moins, à travers toute la tradition philosophique, une assez forte défiance vis-à-vis du lien social, et qui incontestablement, interroge.

Platon et Aristote : la démocratie court toujours le risque interne de déboucher sur la tyrannie – thème repris par Tocqueville.

Hobbes : la forme primaire du lien social est la férocité de l'homme-loup pour l'homme. Le moyen d'y remédier est de confier le pouvoir absolu à un monarque.

Descartes s'est toujours caché du public, déménageant une trentaine de fois dans sa vie. Il affirme sans ciller (1636) que le risque de rencontrer l'erreur est proportionnel à la taille de la compagnie, et que la vérité ne peut se découvrir que seul, dans la solitude.

Pour Spinoza, la vie du sage est solitaire. Réserve tout de même de son *Traité politique*, où s'introduit une dimension « collectif », d'abord absente quoique complémentaire du solipsisme de l'*Éthique*. Au contraire tout de même de Leibniz, diplomate qui croyait à l'œcuménisme.

Rousseau pense que Robespierre, muni du *Contrat social*, serait à même de corriger une organisation complètement corrompue depuis l'instauration de la propriété privée. L'éducation des enfants devrait se faire en dehors de tout cadre social, à l'écart même des parents, en contact avec la seule leçon des choses.

On ne sait auquel des deux Sartre il convient de faire crédit, l'auteur de la *Nausée* et du *Mur*, ou le compagnon de route malgré tout, mais toujours contesté – pendant quatre longues années – du PCF.

On ne voit guère de confiance dans l'environnement social chez les structuralistes d'après 1960 : Barthes, Lévi-Strauss, Foucault, Althusser (?), Deleuze, Derrida. Les « modèles sociaux » que l'on pourrait à la rigueur extirper de leurs écrits, n'encouragent guère à la fête. Rien n'est réellement sorti, de la joyeuse troupe de ces superdivas, en matière de philosophie sociale, pédagogique et politique.

8 *Freud a découvert que cette double angoisse de désintégration, personnelle et sociale, pouvait provoquer un évitement de symbolisation du désir condamné par l'ensemble social. Et la contradiction désirante (être ou ne pas être ce transgresseur-là) devient alors une contradiction identificatoire non exprimable, non conscientisable. Le sujet ne se supporterait plus de se savoir transgressif. Il y a bien un enjeu narcissique dans l'évitement surmoïque d'une identification d'une partie de soi socialement condamnable. Sa contradiction désirante conscientisée, le sujet ne pourrait vouloir que l'attaquer, la détruire, seule façon pour lui de rester membre du groupe. Au final, après intériorisation des valeurs de l'ensemble d'appartenance, c'est donc bien une perte d'intégrité narcissique (la perte d'estime de soi), relais invisible d'une perte d'intégration sociale, via une perte d'intégrité physique* *qui détermine l'évitement informatif. Ce sont ces multiples angoisses de désintégration, indissociées, des excès d'émotions par conséquent, comme dans le traumatisme lié à un événement externe, qui provoquent la fuite de conscientisation par symbolisation.*

EJ : Contradiction est un terme bien plus hégélien que freudien, venant à la place du terme traditionnel de conflit.

La lecture philosophique du texte de Freud est tout à fait justifiée, et cette lecture passe par les tout « derniers des philosophes », les derniers des Mohicans : Hegel et Marx. On n'a pas le loisir de démontrer ici qu'après ces deux-là, il n'y aura plus grand-chose (sauf peut-être Nietzsche).

Hegel, Marx et Freud – avec Einstein – appartiennent à la même constellation de la pensée judaïque qui rejoint d'abord la pensée hellénique puis romaine (Jérusalem, Athènes, Rome), avant de s'épanouir dans la pensée chrétienne et médiévale, puis renaissante, classique et moderne, enfin contemporaine.

Lacan a bien senti qu'il fallait passer par Hegel pour comprendre Freud : cours de Kojève, figures de la Phénoménologie : Maîtrise-servitude, Belle âme. Il ne comprend pas encore que la métaphore et la métonymie sont déjà dans les deux grands mécanismes de la pensée dans la Logique de Hegel, avant et plutôt que d'être les deux principaux ressorts du langage dans la linguistique de Jacobson. Mais il était à cet égard sur le bon chemin.

Lacan a bien compris que Marx, l'un des auteurs très fréquemment cités par lui, avait découvert l'inconscient – mais tout d'abord social – avant Freud.

Jacques Robion accorde en ces lignes une signification très extensive à la notion **d'identification, alors que le lien identificatoire représente pour Freud**, un second type de lien (1921), de dignité métapsychologique égale mais en rien privilégiée à l'égard du lien pulsionnel.

De même, Jacques Robion semble suivre la tradition de Mélanie Klein et de Bion en privilégiant le concept d'émotion, très majoritaire chez ces deux auteurs, aux dépens de la notion de pulsion, une curieuse ressemblance à cet égard avec la psychologie de la personnalité de Wallon.

Que certains neuroscientifiques et cognitivistes contemporains prétendent que la question des émotions soit leur propre découverte, c'est par ignorance totale de ce qui précède.

Réponse de Jacques Robion

J'ai envie d'ajouter que je suis aussi d'assez près la pensée marxiste.

Lorsque suite à un traumatisme se produit une déconnexion subcorticale-corticale, une sécession neuronale en d'autres termes, le sujet reste victime de sa propre production défensive première, je parle de son évitement informatif de mentalisation initial. Lequel évitement l'a protégé d'un excès de souffrance désorganisateur mais *se retourne maintenant contre lui*. Il a perdu en quelque sorte le contrôle de son système défensif premier, de son propre produit disait Marx. La lecture traumatique de certains évitements informatifs est purement marxiste.

EJ : on ne peut se passer ni de Hegel ni de Marx sur de pareils sujets. Évitement aujourd'hui déplorable, et qui plonge toute l'époque dans une confusion babélienne.

9 *Le désir du sujet est condamné par l'ensemble social d'appartenance – dit par moi tertiaire du fait qu'il est le troisième ensemble que rencontre le sujet (après celui de la mère et du père ou de la famille) – parce qu'il reste sous sa forme* *première « syncrétique », tel le désir œdipien. Autrement dit, un évitement de symbolisation dû à un excès d'émotion engendre une non transformation du désir brut, sa non-désyncrétisation. Cette dernière n'est pas supportée par l'ensemble d'appartenance qui ne tient sa survie, ne maintient son unité, qu'au travers de la différenciation fonctionnelle de ses membres. La différenciation de l'élément est la condition de la liaison de l'ensemble.*

D'où ce paradoxe : sous le choc émotionnel de la perspective d'une déliaison personnelle, le sujet bloque sa symbolisation, et consécutivement garde en lui ce qui pourrait menacer le groupe d'une déliaison.

EJ : L'une des innovations de Jacques Robion est la distinction primaire/secondaire/tertiaire correspondant à peu près à celle entre niveaux préœdipien/œdipien/postœdipien.

10 *Un évitement informatif peut prendre la forme, soit d'un évitement par substitution d'un signifiant à un autre (telles la « métaphore » ou la « métonymie ») à l'intérieur d'une activité de conscientisation (mentalisation aussi bien que symbolisation), soit d'une forclusion de l'activité elle-même d'information. Cette activité est purement et simplement court-circuitée.*

L'ancrage neuronal du fait psychique fait entrer celui-ci sous les lois du conditionnement neuronal. Cela veut dire qu'un évitement informatif premier peut s'automatiser et se reproduire systématiquement hors de tout contrôle conscient. Pensons par exemple à l'« emprise du signifiant » chère à Lacan.

Mais la question se posera alors des possibilités du « rappel » (Agid) de l'automatisé, autrement dit de son retour dans l'« espace de travail neuronal conscient ». La

« mauvaise foi » sartrienne est un évitement de symbolisation « rappelable », en un mot une automatisation positive.

Je parle pour ma part d'une automatisation positive, quand ce retour dans le champ de conscience reste possible, mais non nécessaire, telle par exemple la conduite automobile.

EJ : Deux niveaux de refoulement sont ici distingués :

– par mise en œuvre de la métaphore et de la métonymie aux deux étages Pcs et Cs,

– par forclusion au niveau de l'Ics.

Le modèle du conditionnement neuronal va permettre d'introduire les notions d'automatisation positive et d'automatisation négative.

On se demande si cette expression de conditionnement neuronal signifie aujourd'hui, pour la plupart des auteurs en ce champ, autre chose que la notion d'automatisme en général. Expliquons nous mieux.

Les études sur le conditionnement (et l'apprentissage en général) ont occupé une ligne particulière de travaux pendant une période très longue de la psychologie expérimentale historique (1914-1956), dans l'école américaine et soviétique presque exclusivement.

Le bilan de cette période a été fait par Jean-François Le Ny dans son livre sur *Le conditionnement* (1961, 1975, réédité 7 fois).

Ce paradigme ne s'est jamais bien implanté en France, par suite d'une tradition fortement liée à la culture philosophique (Dumas, Delacroix, Blondel, Burloud, Guillaume, Wallon), par défaut de dispositions intellectuelles appropriées, par manque de moyens matériels probablement enfin.

Ces études ont réclamé, dès les origines, le paradigme d'une méthodologie expérimentale spécifique et rigoureuse, formée dans le champ précis d'une psychologie à visée scientifique, et opérant, répétons-le, dans le cadre de moyens matériels importants.

Or il est arrivé que le contexte institutionnel, intellectuel et matériel de la psychologie expérimentale universitaire en France a subi, à partir des années 19670 environ une dégradation précédant un effondrement à peu près total – ce qui est la situation réelle aujourd'hui, dont j'ai parlé ailleurs abondamment, et sur laquelle je ne peux revenir ici.

Le relais de cette disparition des vrais psychologues (formés par Piéron et Fraisse) a été pris par des personnalités venues, comme déjà dit, d'un autre horizon, biologie (Changeux, Naccache), mathématiques (Dehaene), médecine (Agid), parfois sociologie (Deauvieau)[1].

1. Émile Jalley : RCQVM, *La réforme du collège*, ibid., 2015, 157-158.
J'ai déjà beaucoup parlé ailleurs de J.-P. Changeux, L. Naccache et S. Dehaene, tout comme de la crise des sciences cognitives et des neurosciences, et je ne puis y revenir dans le détail. CPUF2, *La crise de la psychologie à l'université en France, tome 2 : État des lieux depuis 1990*, ibid., 2004, 359-391 ; PPAF, *La psychanalyse et la psychologie aujourd'hui en France*, Paris, Vuibert, 2006, 381-430 ; WP, *Wallon et Piaget. Pour une critique de la psychologie contemporaine*, ibid., 2006, 387-424 ; GPC, *La guerre des psys continue. La psychanalyse française en lutte*, ibid., 2007, 351-376 ; 441-456 ; CRP, *Critique de la raison en psychologie. La psychologie scientifique est-elle une science ?*, ibid., 2007, 323-354 ; GP1, *La guerre de la psychanalyse. Hier, aujourd'hui, demain*, ibid., 2008, 143-181 ; GP2, *La guerre de la psychanalyse. Le front européen*, ibid., 2008,883-906 ; PP2, *Psychanalyse et psychologie (2008-2010) ; Interventions sur la crise, tome 2 : psychanalyse et neuroscience, la vérité de la science, la querelle de l'évaluation en psychologie*, ibid., 2010, 11-107 ; SM1, *Six Manifestes contre le DSM, tome 1 : Présentation et commentaires*, ibid., 2011, 19-190 ; SM2, *Six Manifestes contre le DSM, tome 2 : Suite des commentaires : Censure, Crise de l'enseignement*, ibid., 2011, 11-219 ; TGDF, *La « théorie du genre » dans le débat français. Butler, Freud, Lacan, Stoller, Chomsky, Sapir-Whorf, Simondon, Wallon, Piaget*, ibid., 2014 ; TPFM, *Thomas Piketty « Marx du XXIe siècle ? »*, ibid., 2014, 215-244 ; RCQVM.

Or, il est évident, pour ce qu'en j'en ai lu (Changeux, Naccache, Fehaene un peu moins), que ces chercheurs sont en général dépourvus de toute espèce de culture en matière d'histoire de la philosophie et de la psychologie, ce qui n'est pas un motif pour les clouer au pilori, mais tout de même une circonstance qui ouvre la porte à la possibilité d'énormes dérapages sur le plan idéologique :

Changeux osant sans complexe aborder les questions de l'esthétique dans l'espace enclos par la membrane neuronale.

Dehaene développant la naïveté provocante que l'on puisse un jour lire l'esprit dans le cerveau comme à ciel ouvert.

Naccache soutenant qu'il n'y a pas trace du moindre frisson sexuel dans l'inconscient.

Il n'y a certes pas là mort d'homme, mais de quoi tout de même requérir de ces gens qu'ils renoncent par pudeur à réclamer sans cesse son passeport à la psychanalyse. On pourrait même à titre légitime en avoir... plein le dos, et même oser le dire.

D'après ce que j'en ai lu toujours, il ne me semble avoir jamais repéré chez aucun de ces auteurs la moindre connaissance ni le moindre intérêt pour le registre des connaissances classiques de base touchant le concept de conditionnement : pavlovien classique, skinnérien instrumental, de premier ordre, de second ordre, généralisation, différenciation, extinction. Ces auteurs sont en général innéistes, tout en reconnaissant que la genèse de ces structures innées puisse être modelée par un facteur d'environnement, ce qui est très intéressant de leur part, mais n'a pas pour autant pas grand-chose à voir avec les notions bien connues de la doctrine classique du conditionnement, et qui par ailleurs n'ont rien perdu de leur valeur au niveau des macro-comportements.

Je ne comprends pas très bien comment de telles notions techniques pourraient intervenir par exemple dans un espace de recherche jalonné exclusivement par les questions posées par la pathologie médicale (Agid). Bien que Pavlov ait inventé toute une psychopathologie, en soi encore assez intéressante (Jalley, GP2)[1]. Le psychopathologiste n'est pas a priori un psychologue expérimental. Il a même la tête faite tout autrement, ce qui a conduit dans l'espace universitaire, que j'ai bien connu entre 1968 et 2000, à des conflits interminables, et empreints d'une violence qui a conduit à l'extermination des deux camps de combattants.

Un point technique important est celui-ci :

Les acquis de la doctrine classique du conditionnement se sont faits dans le cadre d'une macropsychobiologie des conduites, où l'analyse des secteurs cérébraux ne dépassait guère l'identification des aires de Broadmann. Or rien ne dit, au moins à ma connaissance, que ces acquis doctrinaux aient été remaniés et adaptés à la nouvelle microbiologie cellulaire.

Bien des chercheurs en ce domaine sembleraient adopter la stratégie d'une rhétorique réclamant qu'on leur fasse crédit de tout ce qu'ils ne savent pas, au prétexte de tout ce qu'ils croient déjà suffisamment savoir.

Ceci dit, certains chercheurs font des propositions intéressantes : le psychanalyste Magistretti associé au médecin neurobiologiste Ansermet (mais ils sont deux à s'entraider et se corriger) pensent que la plasticité cérébrale ouvrirait la porte en ce champ à une pensée de type dialectique, selon quoi, dans l'enregistrement cérébral, rien ne change tout en étant sans cesse remanié.

Réponse de Jacques Robion

L'usage du concept de conditionnement est certes parfois abusif en effet, mais à partir du moment où l'on

1. Émile Jalley : *La Guerre de la psychanalyse. Tome 2 : Le front européen*, ibid., 2008, 757.

supprime la boîte noire de la Psyché, c'est bien *aussi* au niveau neuronal qu'il nous faut comprendre le fait psychique, et pas seulement à celui de la « belle âme ». Et des circuits neuronaux conditionnés, cela existe ! Et des courts-circuits, ou déconnexions neuronales, également ! On le voit cliniquement tous les jours !

Je dirais pour ma part que la lecture des neuroscientifiques m'a rendu plutôt modeste en me faisant comprendre que probablement tout ne se déroulait pas seulement d'une part à l'intérieur d'une Psyché, d'autre part au niveau de la seule étape de la symbolisation, au niveau par conséquent d'un éventuel « conflit psychique », comme on vous l'apprend en toute bonne école de psychanalyse. J'ai cessé de comprendre les évitements informatifs *uniquement* et *systématiquement* comme des évitements de symbolisation d'un désir : être ou ne pas être ce désirant-là.

La deuxième topique freudienne est bien sûr irremplaçable quand il s'agit de comprendre un évitement de symbolisation. C'est bien une identification de soi (ou de l'autre !) que fuit alors le sujet en évitant de nommer une certaine réalité. C'est bien une souffrance narcissique qui s'évite alors.

Mais on ne peut plus réduire aujourd'hui tout trouble psychique à ce seul conflit identificatoire. C'est à Bion, c'est aux neurosciences que nous devons cet approfondissement du freudisme.

11 *Au départ, le refoulement est sous le contrôle du cortex frontal, mais pas sous le contrôle de l'instance de symbolisation (l'« espace de travail neuronal conscient »), puisqu'il est une régulation inconsciente de conscientisation. Puis il entre dans une automatisation, comme toute information par conscientisation. Sera-t-il dès lors « rappelable » ou non « rappelable » ? Automatisation positive ou automatisation négative ?*

Le refoulé est par définition rappelable, mais pas immédiatement, et ceci pour une double raison : l'automatisation neuronale d'une part, la régulation inconsciente de conscientisation d'autre part, qui continue forcément d'exister et refait surface dans le phénomène de la résistance au moment de la déconstruction de l'automatisation.

Le sujet ne mettra pas fin à son refoulement tant qu'il ne disposera pas d'une capacité de dépasser sa contradiction identitaire interne. Il y va de sa survie.

L'absence d'une capacité de synthèse est la force qui s'oppose à la déconstruction d'un automatisme négatif.

Ce n'est pas parce que le sujet semble correctement remettre en mots le sens perdu de son désir qu'il guérit. La perte d'intégration ne se dépasse vraiment que dans un revivre transférentiel de la scène qui a provoqué l'évitement informatif premier. Là seulement, dans les retrouvailles avec son histoire singulière, se remobilise le cycle informatif et se recentralisent les multiples activités neuronales nécessaires au traitement informatif global qui s'est interrompu.

EJ : Le refoulement relève du champ générique de la régulation inconsciente de conscientisation.

Plusieurs niveaux seraient à y distinguer :

L'automatisation positive correspondant au registre des automatismes récupérables à partir de l'inconscient rappelable (occupant le Pcs et aussi la partie non refoulée de l'Ics), ce que l'on appelle traditionnellement apprentissages ou encore habitudes, par exemple la conduite automobile.

L'automatisation négative correspondant elle-même à deux niveaux :

Celui du refoulement primaire : évitement de la symbolisation, régulation inconsciente de la conscientisation, d'origine corticale-frontale.

Celui du refoulement secondaire : sécession neuronale via la déconnexion stockée par conditionnement des aires corticales et subcorticales.

S'y ajoute une certaine inertie neuronale, contribuant à la résistance.

On est ici à un niveau correspondant à celui de l'Ics refoulé freudien certes refoulé, mais encore accessible au travail du transfert sur l'histoire singulière.

Cette automatisation négative a pour moi le mérite de me rappeler la pertinence de l'« automaton » lacanien (l'automatisme de répétition opposé par lui à la tuché, la rencontre, le traumatisme).

« Le problème de la psychanalyse est, tout autant que celui de l'analyse, celui de la synthèse. »

Proposition innovante autant qu'audacieuse, qui a l'énorme mérite tout d'abord de réconcilier la logique freudienne avec le noyau rationnel panhistorique de la logique hegélienne-marxienne, ce qui peut apparaître comme d'un intérêt considérable (au moins pour certains dont moi-même), ou bien tout à fait indifférent (libre à d'autres). Mérite ensuite par ses conséquences sur la conduite de la cure : se montrer plus imaginatif, voire inventif, et même actif pour le praticien ?

J'ai déjà exprimé ce que je pensais de Jacques Robion dans *La psychanalyse pendant et après Lacan. Tome 1 : Bion, Blanco, Gaddini, Kohut, Kernberg, Stoller, Robion* (L'Harmattan, 2016, 117), et je n'hésite à le reprendre tel quel ici pour conclure :

L'originalité et la densité de la pensée métapsychologique de Jacques Robion en font, à mon avis et si je ne me trompe, l'événement important dans la littérature psychanalytique francophone depuis la disparition de Jacques Lacan en 1981.

Jacques Robion critique le modèle lacanien, tout en réaménageant de façon originale le concept clé de forclusion. Il se réinscrit dans la grande lignée de l'étude de la paranoïa à la suite de Freud, mais aussi de Racamier et d'Aulagnier. Dans ce filon, il propose des notions très nouvelles : psychisation, aliénations primaire et tertiaire, assignation projective, refoulement symbiotique, tertiarité et ternarité, conflit entre surmois primaire et tertiaire de contenu contradictoire (identité/différence), nouvelle typologie des refoulements primaire/secondaire/tertiaire, série développementale (hégélienne) indifférenciation-unisson-altérisation. Ses vues sur la pathologie conjugale et la maltraitance infantile sont de premier intérêt. Enfin la démarche de Jacques Robion est très instruite des grandes philosophies, surtout celle incontournable pour lui de Hegel, de Marx aussi, mais visitant encore le stoïcisme antique, Descartes, Spinoza, Kant.

Psychologie et psychanalyse aux éditions L'Harmattan

Dernières parutions

PSYCHOÉTHIQUE : DU BIEN-ÊTRE INDIVIDUEL À L'ÉPANOUISSEMENT COLLECTIF
Chavel Cécile - Préface Pascal Perrineau - Postface Jean-Didier Vincent
Qu'est-ce que la Psychoéthique ? L'auteur, à partir de sa double expérience de politologue et de psychanalyste, propose d'appeler ainsi un domaine encore inexploré : celui des conditions de l'équilibre écosystémique permettant l'épanouissement de l'individu ; ces conditions sont affectives, mais aussi sociales et politiques. Ce livre explore transversalement divers domaines où la psychoéthique pourrait être appliquée, de l'éducation à l'immigration en passant par les dépenses de santé ou le management.
(21.50 euros, 214 p.)
ISBN : 978-2-343-08736-8, ISBN EBOOK : 978-2-14-001609-7

INTRODUCTION À LA CLINIQUE DU *BURNOUT* ET DE LA MOTIVATION
Daloz Lionel
Qu'est-ce qu'un *burnout*, au fait ? Il semble opportun de faire le point sur les données étayées, les logiques abandonnées, les débats sur ses déterminants et sur ses voisinages avec le stress ou les troubles anxio-dépressifs. Il semble temps aussi d'analyser comment des sujets en arrivent à de tels états de morosité, de passivité, à l'inverse de leurs idéaux : quels processus accompagnent cette dérive, avec quels risques pour eux-mêmes, les usagers et l'institution ; qu'expriment-ils seulement lorsqu'ils se disent démotivés, et de façon différentielle que rapportent ceux rétablis, ceux qui estiment juste que le travail est dur, et ceux qui songent au suicide ?
(25.00 euros, 254 p.)
ISBN : 978-2-343-08959-1, ISBN EBOOK : 978-2-14-001512-0

COMMENT SORTIR D'UNE PSYCHOSE ET TERMINER SA PSYCHANALYSE
Galli Alessandra
L'auteure revisite ici la psychopathologie usuelle de manière ludique et critique. Elle se base sur l'expérience de plusieurs cures auprès d'analystes de différentes écoles psychanalytiques, qui lui a permis de brasser différents transferts et

contre-transferts. Théoriser, à sa manière, sur sa propre souffrance ainsi que sur les défenses adoptées pour survivre lui a permis de « guérir » et de terminer sa psychanalyse, remplaçant cette dernière par le plaisir d'écrire.
(Coll. Études Psychanalytiques, 16.50 euros, 154 p.)
ISBN : 978-2-343-09741-1, ISBN EBOOK : 978-2-14-001507-6

QUATUOR D'HOMMES DE DÉSIR
Ludwig Wittgenstein, Sigmund Freud, Alain Badiou et Alain de Libéra
Stoïanoff-Nenoff Stoïan
Ce livre comprend quatre mini-monographies qui concernent dans l'ordre : Ludwig Wittgenstein, Sigmund Freud, Alain Badiou et Alain de Libéra. « Quatuor » en raison de la propre implication de l'auteur dans le « quadriparti » des modalités du discours (en tant que marqueurs de subjectivation) et aussi en vertu de la probabilité que ses lecteurs puissent découvrir entre ses quatre souffre-douleur un lien structural de l'ordre d'un groupe de Klein.
(Coll. Études Psychanalytiques, 25.00 euros, 244 p.)
ISBN : 978-2-343-09212-6, ISBN EBOOK : 978-2-14-001433-8

LE PSYCHODRAME PSYCHANALYTIQUE
Une méthode et une praxis aux confins de l'acte analytique
Bruère-Dawson Claude, Roman Marie-Laure
Selon les principes de la cure psychanalytique chaque participant propose une mise en scène, à partir du récit d'un rêve, d'une réminiscence ou d'un fragment de vie. Cette mise en scène est théâtralisée. Il appartient à l'analyste, en tant que garant de la loi et des règles, de ponctuer le discours et de mettre l'accent sur le fil symbolique qui, au travers des signifiants énoncés, a prévalu lors de la séance. Cette méthode thérapeutique est reprise dans ses fondements théoriques et illustrée, dans cet ouvrage, par de nombreuses vignettes cliniques. Participe-t-elle d'une variante de la cure ? C'est cette question qui est posée en filigrane tout au long de cet écrit.
(Coll. Études Psychanalytiques, 15.00 euros, 140 p.)
ISBN : 978-2-343-08526-5, ISBN EBOOK : 978-2-14-000552-7

L'HOMME SANS DÉSIR
Motifs mélancoliques dans l'œuvre d'Édouard Levé
Miller Antoine
Lorsque l'épidémie de suicides s'étend aux artistes, le geste auto-agressif est présenté par Édouard Levé, de manière quasi-prémonitoire, comme indissociable de l'activité artistique, voire directement adressé aux récepteurs de l'œuvre. Le narrateur de *Suicide* fait ainsi référence à la phlébotomie d'un chanteur au beau milieu d'un concert. Cet événement, auquel a assisté l'ami du narrateur, renvoie au passage à l'acte de Daniel Darc, pour qui Édouard Levé dit sa grande admiration dans son *Autoportrait*. Le rocker a poussé l'autodestruction jusqu'à se taillader les veines pour asperger son public, en novembre 1979, lors d'un concert parisien, au Palace, en première partie du groupe Talking Heads.
(Éditions PENTA, Coll. Penta, 29.00 euros, 274 p.)
ISBN : 978-2-917714-13-3, ISBN EBOOK : 978-2-14-001513-7

NOSTALGIE
Entre le désir et le mal-être
Textes réunis par Galyna Dranenko et Françoise Hanus
La nostalgie fait-elle partie des universaux de l'esprit humain ? Ce thème a été développé par vingt-quatre intervenants qui en ont décliné des variations sur tous les tons, dans tous les genres. Des classiques de Chateaubriand, Mauriac à Camus, ont côtoyé des contemporains comme Koltès, Modiano ou Enard, des voisins tels que Joyce, Barry ou Nothomb ont rencontré des écrivains lointains d'Estonie, de Hongrie, du Liban, de Russie, célèbres ou inconnus, parfois émigrés : Kundera, Sandor Marai ou Isabel Allende.
(28.00 euros, 286 p.)
ISBN : 978-2-343-09174-7, ISBN EBOOK : 978-2-14-001402-4

AMOUR ET HAINE
Si la haine tombe à l'eau ? – Essai
Rothe Marie-France
Préface d'Israël-Bernard Feldman (Psychanalyste-Psychologue-Victimologue)
Savons-nous ce qu'est l'amour ? Savons-nous ce qu'est la haine ? La haine se nourrit de la peur des différences vécues comme dangers et non comme richesses. Quand prendrons-nous conscience de l'urgence à vivre notre liberté, indemne de toute aliénation ? Il devient essentiel d'assumer nos responsabilités d'Homme et de Citoyen, de cultiver notre joie de vivre dans cette recherche du sens de notre passage sur terre, pour mieux nous connaître, pour aimer et pour accepter d'être aimé. Telles sont les clés que nous offre Marie-France Rothé (Dr Emmanuelle Cornuault).
(20.00 euros, 196 p.)
ISBN : 978-2-343-09589-9, ISBN EBOOK : 978-2-14-001428-4

CLINIQUE ET MÉDIATION
Regards croisés sur les médiations thérapeutiques
Sous la direction de Florence Klein - Préface de Pierre Delion
La médiation, soutien au travail clinique, s'étend auprès de nombreux professionnels de santé, animés par une même volonté, celle de la rencontre de l'autre. Ces contributions rendent compte du travail de médiation dans un entremêlement des cliniques individuelle, groupale et institutionnelle.
(32.00 euros, 354 p.)
ISBN : 978-2-343-09633-9, ISBN EBOOK : 978-2-14-001488-8

DE L'ACCOMPAGNEMENT À L'ÉMANCIPATION
Des pratiques questionnées à partir de l'expérience du Secours Catholique
Coordonné par Anne-Stéphanie Deschamps et Hugues Pentecouteau
Ce livre se présente comme une discussion autour de pratiques d'accompagnement vécues, expérimentées ou observées. Des bénévoles, des salariés et des cadres du Secours catholique, mais également des chercheurs (en sociologie, en psychologie, en éducation/formation), des formateurs, des praticiens (éducateur, psychologue, consultant), ont été invités à questionner et à penser l'accompagnement, à partir de l'expérience du Secours catholique.
(Coll. Défis formation, 29.00 euros, 278 p.)
ISBN : 978-2-343-09686-5, ISBN EBOOK : 978-2-14-001484-0

LA TERREUR EN HÉRITAGE
L'attaque de panique sur le divan
Hachet Pascal
Les attentats terroristes de Paris et Bruxelles ont placé la panique au premier rang de la scène publique. Certains individus entretiennent un tout autre rapport avec la panique. Ils font des crises d'angoisse paroxystique en l'absence de toute expérience stressante ou catastrophique. De quels rouages inconscients ces foudroyants assauts de subjectivité sont-ils le fruit ? L'expérience du divan peut-elle permettre de déconstruire l'horreur panique ?
(Coll. Psychanalyse et civilisations, 28.00 euros, 288 p.)
ISBN : 978-2-343-09019-1, ISBN EBOOK : 978-2-14-000662-3

PSYCHANALYSE ET ARCHITECTURE
Un regard insolite sur Louis Kahn et Le Corbusier
Boyer Jean-Marie
L'architecture comme praxis d'un sujet/architecte est, en tant que production tangible – réalisation par réalisation –, effet d'une subjectivité Une. Avec la psychanalyse, le lecteur est invité à suivre une enquête portant sur la praxis et l'œuvre de deux architectes majeurs du XXe siècle, Louis Kahn et Le Corbusier. L'éclairage de moments cruciaux, de productions, d'évènements faisant signe avec la métapsychologie mais aussi avec la clinique et la nosologie, le long des trajectoires de Louis Kahn et Le Corbusier, découvre des singularités conjuguant créateurs et créations.
(Coll. Études Psychanalytiques, 32.00 euros, 320 p.)
ISBN : 978-2-343-08251-6, ISBN EBOOK : 978-2-14-000639-5

VIVRE SANS LE CAPITALISME ?
Inconscient et politique
Moreau de Bellaing Louis
Dans cet ouvrage, l'auteur s'efforce de montrer qu'il y a, dans nos sociétés modernes démocratiques, une légitimation et une légitimité sociales et politiques approximatives. Il explique notamment que ces sociétés sont aujourd'hui trouées de degrés d'excès illégitimes, mais qu'elles sont surtout dominées en excès illégitime global par le capitalisme. Les luttes se font, dans les meilleurs des cas, contre les excès illégitimes sociaux et politiques et contre ceux spécifiques au capitalisme.
(Coll. Psychanalyse et civilisations, 29.00 euros, 438 p.)
ISBN : 978-2-343-08414-5, ISBN EBOOK : 978-2-14-000526-8

L'HARMATTAN ITALIA
Via Degli Artisti 15; 10124 Torino
harmattan.italia@gmail.com

L'HARMATTAN HONGRIE
Könyvesbolt ; Kossuth L. u. 14-16
1053 Budapest

L'HARMATTAN KINSHASA
185, avenue Nyangwe
Commune de Lingwala
Kinshasa, R.D. Congo
(00243) 998697603 ou (00243) 999229662

L'HARMATTAN CONGO
67, av. E. P. Lumumba
Bât. – Congo Pharmacie (Bib. Nat.)
BP2874 Brazzaville
harmattan.congo@yahoo.fr

L'HARMATTAN GUINÉE
Almamya Rue KA 028, en face
du restaurant Le Cèdre
OKB agency BP 3470 Conakry
(00224) 657 20 85 08 / 664 28 91 96
harmattanguinee@yahoo.fr

L'HARMATTAN MALI
Rue 73, Porte 536, Niamakoro,
Cité Unicef, Bamako
Tél. 00 (223) 20205724 / +(223) 76378082
poudiougopaul@yahoo.fr
pp.harmattan@gmail.com

L'HARMATTAN CAMEROUN
BP 11486
Face à la SNI, immeuble Don Bosco
Yaoundé
(00237) 99 76 61 66
harmattancam@yahoo.fr

L'HARMATTAN CÔTE D'IVOIRE
Résidence Karl / cité des arts
Abidjan-Cocody 03 BP 1588 Abidjan 03
(00225) 05 77 87 31
etien_nda@yahoo.fr

L'HARMATTAN BURKINA
Penou Achille Some
Ouagadougou
(+226) 70 26 88 27

L'HARMATTAN SÉNÉGAL
10 VDN en face Mermoz, après le pont de Fann
BP 45034 Dakar Fann
33 825 98 58 / 33 860 9858
senharmattan@gmail.com / senlibraire@gmail.com
www.harmattansenegal.com

L'HARMATTAN BÉNIN
ISOR-BENIN
01 BP 359 COTONOU-RP
Quartier Gbèdjromèdé,
Rue Agbélenco, Lot 1247 I
Tél : 00 229 21 32 53 79
christian_dablaka123@yahoo.fr

Achevé d'imprimer par Corlet Numérique - 14110 Condé-sur-Noireau
N° d'Imprimeur : 134655 - Dépôt légal : décembre 2016 - *Imprimé en France*

www.ingramcontent.com/pod-product-compliance
Lightning Source LLC
LaVergne TN
LVHW021222061026
849535LV00008B/2868
* 9 7 8 2 3 4 3 1 0 7 6 5 3 *